Kenkyu Sosho No.614

「後発性」のポリティクス

資源・環境政策の形成過程

寺尾忠能：編

IDE-JETRO アジア経済研究所

研究双書 No. 614

寺尾忠能編『「後発性」のポリティクス――資源・環境政策の形成過程――』

"Kōhatsusei" no Poritikusu: Shigen・Kankyō Seisaku no Keisei Katei
(Politics of the Environment: The Formation of "Late-comer" Public Policy)

Edited by

Tadayoshi TERAO

Contents

Introduction　The Formation Process of Resource and Environmental Policy: Dilemma of "Late-comer" Public Policy Formation with Economic Backwardness
　　　　　　　　　　　　　　　　　　　　　　　　　　　(Tadayoshi TERAO)

Chapter 1　Development of Environmental Policy with a Response to Environmental Disaster in China: The Case of Water Pollution Accident in Songhua-jiang River in 2005　　　　　　　　　　　　　　　　　　　　　(Kenji OTSUKA)

Chapter 2　Water Resource Organizational Reform after "the 2011 Thailand Great Floods": Why does the Bureaucratic Polity persist?
　　　　　　　　　　　　　　　　　　　　　　　　　　　(Tsuruyo FUNATSU)

Chapter 3　Politics of Fisheries in Tonle Sap, Cambodia: Social Scientific Assessment of the Fishing Lot Cancellation in 2012　　(Jin SATO)

Chapter 4　The Formation Process of Water Pollution Control Policy in Taiwan: Focusing on the "Water Pollution Control Act of 1974"　　(Tadayoshi TERAO)

Chapter 5　Policymaking Process of German Packaging Ordinance: The Case of the Public Hearing on the Packaging Ordinance in 1990
　　　　　　　　　　　　　　　　　　　　　　　　　　　(Susumu KITAGAWA)

Chapter 6　Conservation and Organizational Reform in the New Deal: How did the Reform Fail, and Why?　　　　　　　(Hiroki OIKAWA)

〔Kenkyu Sosho (IDE Research Series) No. 614〕
Published by the Institute of Developing Economies, JETRO, 2015
3-2-2, Wakaba, Mihama-ku, Chiba-shi, Chiba 261-8545, Japan

まえがき

　経済開発が行われ経済成長が加速する過程では，市場経済の拡大と産業構造の転換にともない，人々の社会関係の組み替えが起き，それまでは顕在化していなかった多様な社会問題が発生する。同時に，人々と自然環境とのかかわり方，経済社会の資源・環境との関係も大きく変貌し，組み替えられていく。
　資源・環境にかかわる多様な問題が発生すると，政府，企業，市民がそれぞれ対応を試みる。経済開発の過程で，環境問題は比較的新しい問題としてとらえられてきた。公共政策の対象となり，環境政策という領域が生まれ，拡大し，定着していった。しかし，資源・環境問題の多くは，経済開発の初期から存在し，少なくとも局地的には顕在化していた。水質汚濁，大気汚染，廃棄物の増大，騒音，振動などが，日本ではまず公害問題，産業公害として認識された。さらに自然保護や身近な生活環境の保全などと合わせて，環境問題として定式化され，定着した。1980年代半ば以降は，国際社会の関心の高まりに伴って，温室効果ガスによる気候変動やオゾン層破壊，越境汚染問題などの地球規模の環境問題とも関連づけられるようになっている。
　環境問題の背後には経済開発があり，経済活動に利用するための自然資源に対する働きかけがある。環境問題とは，資源利用の負の影響に配慮しない不適切な利用と考えられる。環境問題についての自然科学的，工学的研究では，負の影響に着目し，それを切り取って，水，大気，土壌，廃棄物などに切り分けて，それぞれの媒体の物的な性質に着目し，対策を検討することに大きな意味がある。しかし，社会科学的研究では，環境問題がなぜ発生したのか，その背景にある経済開発と資源利用に着目されなければならない。さらに，あるひとつの経済開発，資源利用による環境問題が特定の媒体のみに

影響を与えるとは限らない。自然科学的な測定，分析で必要な水，大気，廃棄物などの媒体ごとの分化をそのまま採り入れるだけではなく，資源・環境を包括的にとらえる枠組みが必要となる。そのためには，私たちが資源・環境をどのようにとらえてきたのかを再検討することも必要であろう。

　資源・環境を人々がどのようにとらえてきたかを一般的に考察することは容易な課題ではない。本書では，資源・環境にかかわる政策，制度，法，組織などに注目し，具体的な事例を取り上げ，その形成過程を実証分析することによって，資源・環境を人々と社会がどのようにとらえてきたのかを明らかにしようとしている。

　十分な成果をあげられずに消えてしまった行政組織，失敗した政策，できの悪い法律が顧みられることは少ない。資源・環境政策に限らず，成功しなかった政策，失敗した企ては考察の対象とはなりにくい。その記録，資料は残りにくく，その検証は多くの場合，容易ではない。法律，制度や組織として成立した場合も，その目的を十分に達成できずに短期間で消滅したものは，研究の対象になりにくい。一国の資源・環境政策の発展のみに関心があるとすれば，その初期の必ずしも成功しなかった試みよりも，成功した政策に関心が集まるのは当然のことかもしれない。しかし一国の資源・環境政策にとどまらず，経済開発と資源・環境政策のかかわり方を考察する「開発と環境」の視点からは，通時的，地域横断的な考察が必要であり，初期の企てがなぜ，いかにして失敗したか，その背景は，成功した試みの背景と同様に，解明すべき重要な課題である。

　われわれは，失敗例から得られる教訓だけに関心があるわけではないし，失敗それ自体を記録することだけに関心があるのではない。政策形成過程の起源に遡ることによって，ある出来事としての政策がなぜ，どのようにして政策領域として形成され，確立されていったかを明らかにしたい。できの悪い法律がなぜ，いかにしてつくられたのか，その政策はなぜ失敗したのか，その組織はなぜ存続しなかったのか，それらは考察に値する問いである。政策形成過程における初期の「失敗」は，それ自体が完結した出来事としてと

らえるべきではない。初期の失敗を含めて，政策形成過程の全体としてとらえるべきであろう。

　宇井純は足尾鉱毒事件についての講演で，序章でも取り上げた1958年の本州製紙江戸川工場事件との関連を指摘しながら，以下のように述べている。「戦後，公害問題ということが，永いこと過去の問題としてしか考えられなかった，あるいは過去の問題と現実をつないで調べてみようという動きが少なかったのはなぜであろうか。これは失敗の歴史だと思うのです」(1996年2月18日，田中正造大学での講演録。『救現』6号，1996年8月に収録)。足尾鉱毒事件は明治期に発生し，十分な対策がとられずに放置されたため，1958年に源五郎沢堆積場で鉱滓の決壊事故が起き，流域で再び被害が発生した。同時期に同じ利根川水系の下流の江戸川河口部で，本州製紙江戸川工場事件が発生していた。上流で鉱毒によって農民が受けた被害と下流でパルプ排水によって浦安などの漁民が受けた被害が結びつけられ，歴史的に関連づけられることはなかった。さらに，本州製紙江戸川工場事件を契機に制定された水質二法は不十分な内容にとどまり，適切な排水規制は行われず，1956年に公式確認されていた水俣病の被害の拡大を防ぐことができなかった。

　過去の失敗の経験は簡単に忘れられる。わたしたちはなぜ過去の失敗を繰り返すのだろうか。歴史から学ぶことはなぜ容易でないのか。環境問題の多くは，その発生のリスクが事前に認識されていたにもかかわらず，避けられなかった。そこには，わたしたちの社会に内在する構造的な問題があるのではないか。そのような構造的な問題を明らかにし，その原因を解明することが，資源・環境にかかわる社会科学的研究の重要な課題である。

　先に述べたように，資源・環境問題は必ずしも新しい問題ではない。古くから存在した問題が，公害として認識され，新たに環境問題として定着していく過程で，過去の失敗の経験が十分に活かされていない。とくに産業化の後発国においては，先進国の失敗を認識し，回避することが可能であったにもかかわらず，少なくとも部分的に失敗を繰り返している。先進国においても，問題そのものは決して新しくはないにもかかわらず，十分に対策が行わ

れず，長年にわたって放置されてしまった。わたしたちはなぜ過去の失敗から十分に学ぶことができなかったのか。そして現在に生きる私たちも，いまだ顕在化していないだけで，さまざまな領域で失敗を繰り返し続けていると考えるべきだろう。東日本大震災，福島第一原発事故の後に，資源・環境問題を研究するわたしたちは，そのことを認識した上で，過去の経験について考察しなければならない。

　後発の公共政策である環境政策は，資源や公害といった既存の枠組みとは異なる，新たな政策領域として定式化されていった。産業化の後発国において，後発の公共政策である環境政策を形成させること，その困難な課題をいかにして行うか，先進国での経験，過去の成功や失敗がどのように活かされたか，あるいは活かされなかったのかを，本書で具体的な事例に即して明らかにしていきたい。後発国において，後発の公共政策を形成するという問題については，序章で「二つの後発性」として考察している。

　本書は，アジア経済研究所で2012年度と2013年度に行った「経済開発過程における資源環境管理政策・制度の形成」研究会の成果の一部である。2013年2月に発行した寺尾忠能編『環境政策の形成過程──「開発と環境」の視点から──』(研究双書No. 605) に続いて組織した共同研究の成果に基づくものである。友澤悠季氏（立教大学）からは，資源・環境政策の形成過程の研究に不可欠である各種の資料の収集・整理・保管の状況について講演していただき，重要な示唆を得ることができた。共同研究の運営と本書の出版，編集は，研究会幹事の船津鶴代氏の協力と助言によって可能となった。最後に，現地調査や国内での資料収集の際にお世話になった方々，アジア経済研究所でこの共同研究の企画，運営にご協力いただきお世話になった方々，研究成果の審査，評価の過程で貴重なコメントをいただいた方々，有益な助言をいただいた編集部門の担当者の方々に，深く感謝したい。

2014年秋

編　者

目　次

まえがき

序　章　経済開発過程における資源・環境政策の形成——二つの「後発性」がもたらすもの——……………………………… 寺尾忠能 …… 3
　はじめに ……………………………………………………………………… 3
　第1節　経済開発過程における「資源」と「環境」……………………… 4
　第2節　公共政策としての「後発性」と経済開発における「後発性」…… 7
　第3節　時間という要素と政策形成過程 ………………………………… 10
　第4節　経済開発の「後発性」と国際的相互作用 ……………………… 12
　第5節　公共政策としての「後発性」の克服
　　　　　——政策統合と総合調整—— ……………………………………… 14
　第6節　環境政策の政策形成 ……………………………………………… 20
　第7節　災害・事故・事件と政策形成 …………………………………… 23
　第8節　「後発性」をもたらすもの
　　　　　——再び「資源」と「環境」をめぐって—— ……………………… 27
　第9節　本書の構成と論点 ………………………………………………… 30

第1章　中国における環境災害対応と環境政策の展開——2005年松花江汚染事故をめぐって—— ……………………… 大塚健司 … 43
　はじめに ……………………………………………………………………… 43
　第1節　2005年松花江汚染事件の経緯 …………………………………… 45
　第2節　環境安全リスク管理への対応 …………………………………… 48
　第3節　突発的事件への緊急対応体制の強化 …………………………… 50
　第4節　幹部問責制度の強化 ……………………………………………… 55

おわりに ………………………………………………………………………… 58

第2章　「タイ2011年大洪水」後の水資源管理組織改革――新たな水資
　　　　源管理組織と「局支配」―― ……………………… 船津鶴代 … 65
　　はじめに ………………………………………………………………………… 65
　　第1節　先行研究と問題設定 ………………………………………………… 67
　　第2節　「タイ2011年大洪水」前後の水資源管理組織 …………………… 70
　　第3節　即時・短期治水計画とその実施 …………………………………… 82
　　第4節　長期治水総合計画と水資源管理組織（NWPFC）への
　　　　　　政治的逆風 …………………………………………………………… 87
　　おわりに ………………………………………………………………………… 93

第3章　カンボジア・トンレサップ湖における漁業と政治――2012年
　　　　漁区システム完全撤廃の社会科学的評価―― …… 佐藤　仁 … 99
　　はじめに ………………………………………………………………………… 99
　　第1節　東南アジアの自然と政治――近年の研究動向―― ……………… 101
　　第2節　区画漁業システムの発祥と領域化の展開 ………………………… 105
　　第3節　脱領域化への政策変更とその説明 ………………………………… 110
　　第4節　結論 …………………………………………………………………… 113

第4章　台湾における水質保全政策の形成過程――1974年水汚染防治
　　　　法を中心に―― ……………………………………… 寺尾忠能 … 121
　　はじめに ………………………………………………………………………… 121
　　第1節　台湾における産業化の進展と環境政策の形成 …………………… 123
　　第2節　水質保全政策の形成 ………………………………………………… 126
　　第3節　水汚染防治法の立法化，改正とその問題点 ……………………… 130
　　第4節　水汚染防治法の立法過程の政治経済学的分析 …………………… 134
　　第5節　まとめと考察――権威主義体制下における資源・環境政策の形成

とその限界—— ……………………………………………………… 146

第5章　ドイツ容器包装令の成立過程——公聴会をめぐる動向を中心
　　　に—— ……………………………………… 喜多川進 … 153
　はじめに ……………………………………………………………………… 153
　第1節　公聴会に至る容器包装令草案をめぐる議論 ……………………… 156
　第2節　公聴会の概要 ……………………………………………………… 165
　第3節　デュアル・システム賛成団体の見解 …………………………… 166
　第4節　デュアル・システム反対団体の見解 …………………………… 168
　第5節　公聴会後の草案修正をめぐる動向 ……………………………… 174
　おわりに ……………………………………………………………………… 177
　資料 …………………………………………………………………………… 186

第6章　ニューディールと保全行政組織改革——改革はいかにして始
　　　まり，そして頓挫したのか？—— ……………… 及川敬貴 … 189
　はじめに ……………………………………………………………………… 189
　第1節　問題の所在と本章のねらい ……………………………………… 190
　第2節　保全とニューディールの課題
　　　　　——全体像の把握と政策調整—— …………………………… 195
　第3節　権限の分散を許容しながらの調整
　　　　　——国家資源計画評議会—— ………………………………… 198
　第4節　権限の統合——保全省設置構想—— …………………………… 209
　おわりに ……………………………………………………………………… 212

索引 ……………………………………………………………………………… 219

「後発性」のポリティクス

序　章

経済開発過程における資源・環境政策の形成
―― 二つの「後発性」がもたらすもの ――

寺　尾　忠　能

　　はじめに

　この共同研究の目的は，経済開発と資源・環境保全の関係を，東・東南アジアの産業化後発国と先進国を事例として取り上げ，資源・環境政策，制度の形成過程のそれぞれの特徴と，それを生み出した背景を明らかにすることである。

　本章では，資源・環境政策が他の政策分野とどのような関係をもって形成されたかを分析するための参照枠組みとして，資源・環境政策・法・制度の形成過程について，他の分野の政策との関係を議論するための視点として，二つの「後発性」を取り上げて紹介する。また，「資源」と「環境」という問題のとらえ方が，どのような関係をもつかについて，後発性の議論と関連づけながら，整理を試みる。そうした作業によって，共同研究の全体で資源・環境政策の形成過程がどのようにとらえられているかの見取り図を提示し，各章の議論の紹介につなげる導入部としたい。

　第１節では「資源」の広義のとらえ方と「環境」との関連，第２節では発展途上国における資源・環境政策の形成過程で直面する二つの後発性，第３節では資源・環境政策研究に時間軸をとり入れる重要性，第４節では資源・環境政策の国際的な伝播と相互作用，第５節では公共政策としての資源・環

境政策の特性と，公共政策としての後発性を克服する手段としての政策統合と総合調整，第6節では環境政策の形成過程についての整理，第7節では突発的な外生的ショックが資源・環境政策の形成に与える影響とその問題，第8節では公共政策としての後発性をもたらす要因を，それぞれ取り上げる。最後に，第9節で各章の議論を紹介する。

第1節　経済開発過程における「資源」と「環境」

　1970年代の石油危機以来，資源問題は主として鉱物資源，とくに化石燃料の安定的な供給の問題として考察されてきた。地球環境問題が国際社会の重要な課題として登場してからは，エネルギー資源消費によって発生する二酸化炭素の抑制も重要な研究課題となった。一方，農地，森林資源，漁業資源など移動できないローカルな資源は，古くから経済活動によって利用されており，とくに発展途上国においてはそれらの資源の利用に直接に依存して生活している人々が現在でも多数存在している。

　発展途上国が長期的に安定的な経済発展をめざすためには，さまざまな資源を適切に効率的に利用することが不可欠である。また地球規模の環境制約，資源制約の克服のためにも，発展途上国における資源の有効な利用が求められている。発展途上国におけるエネルギー，森林，土地，水，漁場など各種自然資源の有効利用について，「環境」への影響を念頭に政策研究として再構成する必要がある。

　「資源」とは，材料であると同時に手段としてもとらえられる。経済開発過程における資源の役割について考察する資源論では，資源をエネルギーや鉱物など物的な自然物だけではなく，何らかの「働きかけの対象となる可能性の束」ととらえている。自然に存在する物質でも，それを利用する人間の働きかけがなければ，それは資源とはならない。資源論とは，そのような意味での資源と社会の活動とのかかわりのあり方を考察する，社会科学的研究

である。エネルギーや鉱物等の自然物だけを資源とみなす立場からは資源問題と環境問題は異なる問題であるが，資源を幅広く定義する資源論の立場からは，環境問題，環境政策は資源管理の問題の一部である。資源論では，資源の経済的有用性だけではなく，資源利用の負の側面も重視する。環境問題とは，水害等の自然災害と同様に，資源利用の負の側面の一部とも考えることができる。

　以下，日本における資源論研究の試みとして，第2次世界大戦後の経済復興過程で資源の有効利用についての政策提言を行った資源調査会について簡単に紹介する。資源調査会の議論は，資源を鉱物やエネルギー等の物的な対象としてとらえてその有効な利用を追求するだけでなく，資源を上記のように広く定義して，その利用の負の側面を含む総合的な利用を考察した試みととらえることができる。日本では，資源をめぐる議論は，第2次世界大戦に敗戦するまで，国力増進のための手段としての資源を国内では動員し，さらに植民地への進出により確保するためのものが主であった。第2次世界大戦の敗戦によりすべての植民地を失い，多数の引き揚げ者を受け入れ，外国との貿易も制限された。GHQ天然資源局は日本の復興のため，国内に残された資源を有効に活用させようとして，日本政府の経済安定本部に資源委員会（後に資源調査会と改称）を1947年12月に設置させた。資源調査会には多方面の専門家たちが省庁横断的に参加し，他の政府機関から半ば独立して自律的に課題設定を行い，戦後の復興計画の立案を行なうと同時に，数々の提言をとりまとめ，首相に直接に勧告した。戦後復興の過程での資源調査会による課題設定と具体的な調査研究は，今日の発展途上国の経済開発，社会開発の課題と大きく重なるものであった。

　資源調査会では，土地，水，鉱物資源，エネルギーといった個別の物的資源だけではなく，資源の「総合利用」についての検討が行われた。「自然の一体性」が意識され，資源の利用がもたらす負の側面である災害や資源の不適切な利用によって発生する産業公害の問題をその視野に入れている。さらに，資源概念の理論的研究，東南アジアの開発の方向性等について議論され

ている。土地，水，鉱物資源，エネルギーといった個別のセクターにおける数量的な現状把握を超えて，日本全体の資源の状況を総合的に議論するという方向が模索された。日本の社会が戦後復興から高度経済成長へと進み，資源にかかわる社会的，政策的な関心が，その有効利用よりも，海外からの大量の輸入による量的な確保へと限定されて行くにつれて，資源調査会における資源論の試みは，顧みられなくなっていった。

　人々が働きかける対象としての資源に注目することによって，各地域に賦存する資源をどのように利用して開発を行おうとしてきたかを明らかにし，「可能性の束」としての資源がより有効に，公正に利用されるための対策を，それぞれの地域に根差した条件に基づいて，考察することが可能になる。限られた資源を有効に活用して経済開発をめざした第2次大戦後の「日本の経験」は，現在の発展途上国の経済開発政策に対して直接に有益なインプリケーションをもたらすことは困難であっても，各国・地域の状況と対比させるための参照枠組みを提供しうるであろう。

　資源は，その経済的有用性という面から，古くから関心がもたれてきた。資源の保全は，自然資源，鉱物資源といった狭い意味での資源については，新しい問題ではない。しかし，上記のように資源は，事前にその性質として有用性をもつものではない。人間からの，社会からの働きかけによってその価値が見いだされる，という意味での「可能性の束」である。資源は，人々の社会からの「働きかけ」によって，経済的な価値だけにとどまらないさまざまな相互作用を生む。それらの作用の総体をとらえようという考え方が「資源論」であり，それは「開発」という文脈での資源について考察するためには，有益な枠組みを提供しうる[1]。環境破壊や自然災害もその相互作用の一部としてとらえることができる。資源論のような幅広い資源のとらえ方も，上記のように，必ずしも新しいものではない。

　一方で，「環境」は公共政策の比較的新しい領域とみなされる。環境問題とは，大気のような必ずしも経済的に有価でない自然物を通じた，人間の社会経済活動に対する影響である。その影響は，人間社会の経済循環と，自然

の物質循環が接触，交差する境界領域において生じ，社会経済活動に逆流するものである。以上の議論を出発点として，「資源」と「環境」の関係については，この後に紹介する後発性の議論と関連づけて，第8節で再度考察する。

第2節　公共政策としての「後発性」と経済開発における「後発性」

　経済開発を行いながら環境政策を形成する過程で直面する困難を二つの側面から整理することができる。まず，そもそも環境政策が，多様な公共政策の体系のなかで後発の政策であること，公共政策としての後発性があげられる。さらに，「後発の公共政策」（late-comer public policy）である環境政策を経済開発の後発国において形成させるという，もう一つの後発性，「経済開発の後発性」（economic backwardness）がある[2]。

　環境政策は，先進国においても発展途上国においても，他の公共政策，社会政策が形成された後に形成されている。環境政策は，その形成過程で公衆衛生，労働安全，福祉など他の社会政策や，経済開発のための産業政策の一部として開始され，それらの既存の制度を利用して発達した後で，独立した政策分野となって発達してきた。この公共政策としての後発性は，環境問題が経済発展の歴史のなかで比較的新しく社会問題化したことに由来すると考えられる。

　環境政策が政策課題として浮上した時期には，すでに発達していた他のさまざまな公共政策，社会政策，産業政策，開発政策がつくり出した制度が存在するなかで，それらの枠組みの存在を前提として形成される必要がある。政策，制度としての後発性だけではなく，環境政策を担当する組織は行政組織としても行政府内で後発となり，既存の行政組織が張りめぐらせた縄張りのなかで，その隙間から新たに組織をつくり上げる必要があった。環境政

は，独立した領域的な縄張りを明確にもつ分野ではない。環境政策は，既存の多くの公共政策，社会政策と何らかのかかわりをもち，それらとの調整によって初めてその政策目的を達成できるような，特殊な政策課題をもち，政策として独特の位置づけを必要としている。そのような政策を，関係する他の政策のための既存の制度，行政組織が存在するなかで，一から立ち上げることは困難な作業となる[3]。

「環境」とは，人間の経済社会を取り巻くものであり，経済社会と自然との境界そのものであり，その複雑な相互作用が，その特質の背景にある。人間の経済社会を取り巻く境界として，人間のあらゆる活動と関連をもつが，それは特定の価値を産み出すための目的に結びつくものではなく，通常は人間の社会全般に広く浅い関連をもつだけである。つまり，「環境」は個々の人々の特定の経済活動の利害に直接は結びつきにくい。したがって，その利害関心をおもに反映して行動する主体が存在しにくい。「環境」は多様な利害関心の一つというよりも，多くの主体の多様な利害に関連しながら，通常は意識されないか，重要視されないような利害である。

環境政策・法・制度が新たな領域として，新たな利害を反映させるものとして成立したとしても，既存の政策領域の体系のなかに，後から単純に付け加えるだけでは，十分に機能しない。すでにみたように，「環境」は多くの既存の政策に関係する領域を含んでおり，既存の政策領域と対応する行政組織が関連する政策をすでに行っている時期に，それらと重なる分野で政策・法・制度を形成することにその困難がある。「権限の分散」は，環境政策の形成，執行の過程における重大な障害と考えられてきた[4]。他の多くの政策領域，行政組織との権限の調整が行われなければ，政策の具体化，執行は困難となる。あるいは，多くの発展途上国や，高度経済成長期に日本でみられたように，狭い意味での資源管理政策を補完する分野として機能するか，経済開発のための産業政策に従属してその一部としてのみ機能せざるをえなくなる。

発展途上国におけるもう一つの後発性は，国際的な経済開発のなかでの歴

史的な後発性である．すでに経済発展を実現した多くの先進諸国が存在する国際秩序のなかで，経済開発を進めることは，「後発性の利益」という議論でよく知られているように，有利な条件となることが多いと考えられている．先進国で開発された技術の移転や，国内需要に制約されない先進国の大きな市場への輸出に主導された産業化の可能性が開かれていることがあげられる．一方で，環境問題，環境政策に関連しては，「公害輸出」や多国籍企業による資源収奪を背景に「後発性の不利益」も強調される傾向がある．環境政策が後発の公共政策であるという条件が，後発国では先進国の場合以上に不利に働くと考えられる．急速な産業化をめざす後発諸国では，経済開発をめざす政策を環境政策よりも優先せざるを得ない．とくに後発国では，産業政策をはじめとする経済開発のための諸政策が重視され，環境政策はそれらに従属せざるを得ない．後発国では政治的な安定のためにも，急速な産業化，経済成長をめざした経済開発を政策的に推進せざるを得ない場合が多い．後発性は経済，社会全体の発展を規定する歴史的，国際的な条件の総体であり，多様な側面からその正負を評価することが必要である．

　発展途上国では環境政策の形成過程は，以上のような，後発の公共政策を，後発国において形成させる，という条件に規定されるものである．後発の公共政策という条件の環境政策形成に対する阻害的側面は，後発国においては先進国の場合よりも深刻化してあらわれやすい．また，経済開発の後発国であることそのものも，経済開発を優先せざるをえないという，重大な阻害要因を内在させている．

　環境政策の形成過程とは，「環境」というある独立した領域の公共政策が政策分野として確立されていく過程としてよりも，後発の公共政策が既存の利害関係や制度，行政組織の隙間の中から，利害関係を調整する過程としてとらえられる．環境政策をある時点の特定の領域としてとらえて分析すると，以上に述べたようなさまざまな問題が切り捨てられてしまう．

　環境汚染は，それ自体独立して発生するものではなく，何らかの生産活動にともなって生じるものである．生産活動の正の成果を分配する方策にかか

わる社会政策の多くは，生産活動からある程度は切り離して，独立した活動として分析することが可能である。しかし，生産活動の負の成果をいかに軽減し，その費用を誰が負担するかをあつかう環境政策は，他の社会政策よりも経済活動，経済政策に強く従属する性質をもつ。発展途上国においては，二つの後発性によって，環境政策の他の経済政策，とくに開発政策への従属性がさらに強まってしまう。環境政策は独立した政策としてのみ取り上げて分析の対象とするのではなく，初めから他の経済政策や社会政策，開発政策との関連性を意識して分析する方が，全体像をつかみやすい。以上に述べたように，環境政策には，おもに分配をあつかう他の社会政策とは大きく異なった性質があり，それは発展途上国の開発という文脈でより強調されるが，一般的なものでもある。環境政策の分析に，経済開発論の視点を取り入れることは，先進国も視野に入れた環境政策論においても有効であろう。

第3節　時間という要素と政策形成過程

　Paul Pierson は著書『ポリティックス・イン・タイム』で，社会科学研究に「時間」という要素を取り入れることの重要性を強調している[(5)]。Pierson はすべての社会科学研究が歴史研究でもあるべきと主張しているのではない。これまでの研究は，理論的にも実証的にも，時間軸をあまりに軽視していたと主張されている。Pierson は，新古典派経済学から発達した合理的選択理論を批判しながらも，その分析手段を取り入れながら，時間的過程の考察を行おうとしている。合理的選択理論に加えて，「経路依存性」（正のフィードバックによる自己強化過程を示すシステムの特性），「事象の順序（タイミング）と配列」，長期の観察を必要とする「緩慢に推移する過程」，「制度の起源と発展」という，四つの新たな視点，手法を時間的過程の考察に用いようとしている。

　Pierson の考え方を簡単に要約すると，以下のようにとらえられる。政治

的決定過程や政策形成過程には市場経済にみられるような調整機能は存在しない。そのためそれらは経路依存性が強く，事象が発生する順序や配列が，結果に重要な影響をもつ。当初の些末な事象の影響が増幅されることによって，結果に対して重大な影響を与えることがある。さらに，政策形成過程のような長期間にわたる「緩慢に推移する過程」では，短期的に切り取った切り口だけから事象をとらえ分析しようとすると，決定的に重要な要因を見落とす可能性がある。また，制度の形成過程は，ある主体の合理的な意思決定によって計画的に進展し，発展していくものとしてとらえられるとは限らない。

「開発と環境」にかかわる政策過程の研究も，必ずしも歴史研究ではなく，歴史的視点を重視した政策研究，社会科学研究である。上述した二つの後発性の問題を，ピアソンが提示している枠組みと関連づけて理解することが可能である。後発性とは，経路依存性がもたらす順序（タイミング）と配列の問題ととらえられる。開発政策や産業政策とのかかわりが重要となるのは，「後発の公共政策」である環境政策の形成過程ではそれらの先行する政策がすでに領域として確立されており，その執行機関が行政府内で重要な地位を占めていて，自らの領域の権限，権益を脅かしかねない新たな政策に対して，影響力を行使しようとするからである。

さらに，環境政策の形成過程は「緩慢に推移する過程」である場合が多いために，関係するアクターの役割や利害関係を必ずしも固定的なものと考えることはできない。一見すると関係が薄いとみられる領域やアクターが環境政策と無関係に行った過去の意思決定が，予期せぬ形で影響を及ぼすことがある。環境政策を一つの固定的な政策領域ととらえ，その発展，発達の過程だけに関心を集中して議論すると，重要な影響を見落としやすい。環境政策は長期にわたる緩慢に推移する過程であり，いくつかの限られた事象に関心を集中させる場合を除き，それを特定の主体による合理的な意思決定によって計画的に推進されているものと考えることは困難である。

Pierson が指摘するように，社会科学を人間の行動の普遍的な法則として

定式化し，理論仮説を限られた時間軸のなかで検証する研究に限定する立場では，環境政策の形成過程を十分にとらえることはできない。普遍的な法則よりも人間の行動とその相互作用に関する限られた範囲でのメカニズムを特定することが重要である。一方，歴史的制度論などの歴史研究はある時点の制度の固定的な特徴に議論を集中させ，その一般化に対して懐疑的な態度を示している。Piersonは，そのような限定を妥当としながらも，社会科学としては，時間的次元のなかで頻発している一定の因果的過程を特定することによって，少なくとも限定的な一般化，すなわち特定の時間，空間以外にも拡張する可能性をもった議論を指向する必要性を主張している。また，歴史的制度論が制度を固定的にとらえ，制度変化に十分に関心を示していないことも，社会科学の立場からみて重大な限界であろう。社会科学に時間的次元を取り入れることで，これらの議論の隔たりをうめられる可能性がある。

環境政策に関する社会科学研究においても，時間的次元のなかの一定の因果的過程を特定することによる限定的な一般化が重要であろう。環境政策がその形成過程でさまざまな困難に直面してきたことは，これまでの実証研究から明らかであろう。発展途上国における環境政策の形成過程の困難は，二つの後発性としてとらえられる。以上の議論から明らかなように，後発性という考え方は，Piersonが提唱するような時間軸をとり入れた分析概念と深く関連している。理論化への指向をもった実証研究の積み重ねにより，さらなる論点整理が行われる必要がある。

第4節　経済開発の「後発性」と国際的相互作用

発展途上国において環境政策を形成する困難を克服するためには，先進国の経験を参考にすることが有用となり得る。実際，産業公害対策における「日本の経験」を発信する試みにみられるように，国際協力の場などで，さまざまな形でそのような取り組みが行われてきた。そもそも「日本の経験」

とは，経済開発のモデルとして提唱され，国際協力の文脈で提示されてきたものである。世界銀行などの国際機関が示す，新古典派経済学に基礎をおく自由貿易と規制緩和を手段とする市場経済を重視した経済政策の導入，構造調整政策に対する対案として，市場経済育成のための一定の政策介入を認める経済開発政策を「日本モデル」として提唱されていた[6]。「日本の経験」は，開発政策における「日本モデル」をさらに社会政策や経済発展にともなう社会変動全体にまで拡張した議論と考えられる。産業公害対策における「日本の経験」はそのような背景をもって，1980年代末から盛んに議論されてきた[7]。

　日本の高度経済成長は，政府が主導して経済開発を行い，成功させた事例として，経済開発のモデルとなり得ると主張されてきた。日本経済の長期にわたる停滞により，そのような議論も広がりを見せないが，急速な産業化による経済成長がもたらした産業公害，環境問題については，その克服のモデルとしての「日本の経験」は，依然として主張されている。日本では高度経済成長の過程で「四大公害」に代表される著しい環境破壊，健康被害が発生したが，産業公害対策，環境政策の取り組みが始まってからは急速に克服されたという主張である。一方で，「日本の経験」は経済開発の成功の影で著しい環境破壊という負の成果をもたらしたという教訓として伝えられるべきであるという主張もある[8]。この二つの側面は表裏一体であり，発展途上国に対するインプリケーションとしては，健康被害の悲惨さと汚染削減の技術的な成功だけではなく，なぜ当初から対策がとられずに被害が拡大したのか，抜本的な制度改革がなぜ行われずに技術的な対策が志向されたのかなど，多様な側面を詳しく検討した上で伝えられなければならない[9]。

　産業公害対策，環境政策を国際的に発信する試みは，1972年にスウェーデンのストックホルムで行われた国連人間環境会議をはじめとして，1992年のリオ・デ・ジャネイロの地球サミット，2002年のヨハネスブルグ・サミットなどでたびたび行われてきた。そのような国際的な発信の試みは，国内において歴史的な形成過程を振り返り，再構成する試みと並行して行われるべき

であろう。

第5節　公共政策としての「後発性」の克服
——政策統合と総合調整——

　他の公共政策と比較した環境政策の特徴はその後発性だけではない。環境保全という利害関心は，特異なものと考えるべきであろう。「環境」とは，人間の経済社会を取り巻くものであり，経済社会と「自然」との境界そのものであり，境界線上の複雑な相互作用が，その特質の背景にある。人間の経済社会を取り巻く境界として，「環境」は人間のあらゆる活動と関連をもつが，それは特定の価値を産み出すための目的だけに直接に結びつくものではなく，通常は人間の社会全般に広く浅い関連をもつだけである。つまり，「環境」は個々の主体の特定の経済活動の利害と，必ずしも直接には結びつかない。利害のあり方が広く浅いことは，環境にかかわる利害関心をおもに反映して行動する主体が存在しにくいことにつながる。「環境」は多様な利害関心の一つというよりも，多くの主体の多様な利害に関連しながら，通常は意識されないか，政治的，社会的な意思決定に際して優先順位が必ずしも高くないような利害である。経済学でいう「外部性」の一種による，「コモンズの悲劇」と呼ばれる結果をもたらすような，集合的な利害である。

　このような「環境」にかかわる利害を，個別具体的な規制等の制度に反映させるためには，数多くの法律に書き込まれ，多数の行政機関により執行される必要がある。環境行政を担当する省庁が行政機構のなかにつくられたとしても，「環境」にかかわるすべての利害を代表することはできない。環境政策を担当する行政機関をつくることは必要であろう。しかし，「環境」にかかわる利害は幅広く，それを代表する機関を設置して，それらを個別の利害と並列させても，十分に政策に反映させることは難しい。「環境」という利害のあり方は特定の領域にとどまるものではなく，多様な個別利害を調整

するような，包括的なアプローチを必要とするものだからである。

　以上のような議論は，社会科学のなかでの「環境」の位置づけにおいても，考察することができる。たとえば，経済学においては，数学的な基礎を重視する純粋理論を除けば，さまざまな経済セクターのそれぞれに対応する実証研究を中心とした分野が形成されている。金融，農業，都市，貿易など，さまざまなセクターについての研究が，それぞれの分野を形成している。環境経済学をそのようなセクターを対象とする経済学の分野の一つと考えることも可能である。それでは，開発経済学はどうであろうか。発展途上国の経済開発は，ある種の経済の全体であり，一つのセクターととらえるには大きすぎる。開発経済学の内部で，経済のセクターを対象とする農業経済学や国際貿易論や金融経済論による研究がそれぞれ成立している。開発経済学はむしろ，経済史や比較経済体制論のように，経済全体の通時的な変化や，複数の経済体制との比較といった，セクター別の分野とは異なる位置づけで分類されるべきであろう。環境経済学も，「環境」をセクターの一つとはとらえず，経済全体の長期的な変化を包括的に方向づけるようなあり方が可能であろう。たとえば，「持続可能な開発」（sustainable development）に関する経済学的な考察は，そのような方向性をめざしていると考えられる。

　環境政策は後発の公共政策として，既存の多くの政策領域とそれらを担当する行政組織が存在するなかで，政策・制度としても，行政組織としても形成されることは，すでに指摘した。環境政策・法・制度が新たな領域として，新たな利害を反映させるものとして成立したとしても，既存の政策領域の体系のなかに単に付け加えられるだけでは，十分に機能しない。すでにみたように，「環境」は多くの既存の政策に関係する領域を含んでおり，既存の政策領域と対応する行政組織が関連する政策をすでに行っている。他の政策領域，行政組織よりも遅い時期に（後発性），それらと重なる分野で政策・法・制度を形成することによる困難がある。「権限の分散」は，環境政策の形成，執行の過程における重大な障害と考えられてきた。他の多くの政策領域，行政組織との権限の調整が行われなければ，政策の具体化，執行は困難となる。

あるいは，多くの発展途上国や，高度経済成長期に日本でみられたように，狭い意味での資源管理政策を補完する分野として機能するか，経済開発のための産業政策に従属してその一部としてのみ機能せざるをえなくなる[10]。そのような機能不全，機能の歪曲を防ぐために，主として先進諸国で，いくつかの仕組みが検討され，導入されてきた。その一つは「政策統合」であり，もう一つが「総合調整」である。いずれも環境政策だけについて用いられる考え方ではないが，環境政策がその重要な事例であり，環境にかかわる領域で独自の議論が展開されている。

　主として EU で検討，導入されてきた仕組みが「環境政策統合」である[11]。一般に，政策統合とは，異なる政策目的と手段を政策形成の初期から計画的に統合することであり，それによって政策間の矛盾を除去し，共通の便益を生むという効果を期待するものである（松下 2010, 22）。EU における環境政策統合は，「持続可能な開発」（sustainable development）を実現するための規範的な原則であり，運輸，農業等の「非環境部門」がその部門の政策による環境への影響を考慮し，それを政策決定の早期に組み込む過程，と定義される（森編 2013, 19）。環境政策統合の枠組みでも，新しく設立された環境政策担当機関は行政組織全体のなかでの地位が低く，政治的な力が弱いという問題を克服する手段として，行政組織構造の改革も構想されている。環境政策担当機関が省庁横断的に経済政策担当機関等の管轄領域に介入する「水平的な協調」と，内閣，大統領府，議会等が経済政策担当機関等に対してその部門の環境にかかわる戦略，計画，進捗状況，評価報告等の提出を義務づけ，介入する「ヒエラルキーのある水平的な協調」である。他の政策分野における一般的な政策統合と環境政策統合との違いは，政策目的間での価値目的の階層化であり，環境目的が他の政策目的に対して明確に優先される必要がある，とされる。具体的には，環境目的を非環境部門のすべての政策決定段階に組み入れ，予想される環境への影響を政策の総合評価に統合させ，前者を優先させることである。

　一方で，アメリカ合衆国で発達した仕組みが「総合調整」である。アメリ

カ合衆国の連邦政府には，環境にかかわる多くの省庁間の利害を調整し，多くの法律にまたがる政策課題の連関を確保するような，独自の行政機関が，環境政策の実施機関とは別に設置されている。環境政策を実施する機関である環境保護庁（Environmental Protection Agency: EPA）とは別に，大統領府内に環境諮問委員会（Council of Environmental Quality: CEQ）が設置され，環境保護庁を含む個別の省庁の省益を超えた，「環境の質」を確保するための横断的な調整を行う。このような役割は総合調整機能と呼ばれる。環境保護庁が実施する「環境の保護」は，個別の省益の一つであり，他の多くの省庁の省益と同列にある。環境諮問委員会は，それらの省庁よりも上位の政治レベルで，各省庁の利害である省益を調整し，個別の法制度を関連づけることにより，より上位の利害である「環境の質」を確保することをめざす[12]。

環境政策統合と環境政策における総合調整という二つのアプローチは，重なる部分もあり，それらによってめざされる具体的な行政組織・制度改革は結果として近いものとなるかもしれない。しかし，その考え方には違いも大きい。環境政策統合は，持続可能な開発という考え方に基づく規範的な議論であり，非環境部門に対して環境政策への強い統合を要請するものとなる。総合調整は，部門間の調整を原則としており，環境政策担当部門も調整の対象であって，その政策が常に優先されると決まっているわけではない。また総合調整は，環境政策統合と異なり，必ずしも規範的な議論ではなく，行政組織全体の構造に担保されることによって，その実現が想定されている。また，総合調整は権限の統合をめざすものではなく，権限のある程度の分散は前提とした上で，行政組織相互の情報交換と政策領域に関する議論を活性化させるという効果も期待される。そもそも，「資源」あるいは「環境」に関するあらゆる分野の権限を統合するという議論が実現可能とは考えにくい。

経済開発過程における環境政策が直面する二つの後発性のうち，後発の公共政策であることがもたらす問題克服の手段が，政策統合であり，総合調整である。もう一つの，経済開発の後発国であることがもたらす困難を考慮すると，後発国が政策統合によって後発の公共政策の問題を克服することは難

しいと考えられる。経済開発における後発性は，現実には開発政策を担当する行政機関が強い政治力をもって開発を推進するという形で現れる。そのような現実を前提にして，開発政策を担当する行政機関に環境政策統合を迫るには，強い政治力が必要であり，その権力がどのように得られるのかが問題となる。そのような改革を斬新的に行うことは難しい。調整に関しては，より柔軟で斬新的な改革により導入が可能であり，開発政策と資源・環境政策の対話が行われれば，何らかの成果が得られる可能性がある。

アメリカの環境諮問委員会の他にも，環境政策の実施機関以外に，このような総合調整を行うことを想定した独立した組織を設置した例がみられるが，多くの先進国において必ずしも成功していない。発展途上国においては，すでに述べたような二つの後発性があり，環境政策を担当する行政機関が十分な役割を果たすことができない場合が多い。環境政策担当機関は，経済開発を指向する政府のなかでは，権限も政治力も限定され，有効な政策を打ち出し，実施することは困難となる。発展途上国の環境政策においてこそ，より高い政治レベルでの総合調整を行う行政機関が必要と考えられるが，現実にそのような機関を行政機構に組み込む改革を行うことは容易ではない。

先進国においても発展途上国においても，環境政策の重要な進展は，多くの場合，トップダウンで強力な政治的リーダーシップにより実現されることが多い。しかし，そのようなトップダウンによる政策導入や機構改革は，恣意的な政治介入とみなされる場合もあり潜在的には弊害も大きく，政策としても実効性をともなって定着するとは限らない。アメリカの環境諮問委員会のような高い政治レベルでの総合調整は，トップダウンによる政策導入を制度化し，行政機構の仕組みのなかに組み込んだものと考えることができる。

環境政策が導入された当初は，環境政策を担当する独立した行政機関は存在せず，公衆衛生や産業育成などをおもな業務とする行政機関の内部の部局として誕生することが多い。環境行政が導入された当初から，担当部局が設置された省庁の内部でも，その上位の中央政府の行政機構全体でも，何らかの調整が行われなければ，「環境」のような多様な利害とかかわる分野で実

効性のある政策を進展させることは困難である。「日本の経験」では，最初の環境法となった「水質二法」(「公共用水域の水質の保全に関する法律」(水質保全法) と「工場排水等の規制に関する法律」(工場排水規制法) を合わせた略称) が制定された1958年時点では，水質に関連する業務は多くの官庁に分散していた。水質二法は，それらの権限を集中させることはなく，水質にかかわる多くの個別の法律はそのまま残され，行政機構も再編成されなかった。水質二法の基本部分である水質保全法は，当時の総理府にあった経済企画庁が所管した。そもそも経済企画庁は，経済政策に関する調整機関であり，その内部に設置された水質保全局は，水質保全政策の実施機関であると同時に，総理府にあることにより多くの省庁の利害を調整する総合調整機関としても機能することが可能であった。この調整機能は，1971年に独立した環境政策担当行政機関として初めて総理府の外局として設立された環境庁にも受け継がれた。しかし，日本の環境政策の形成過程では，総合調整は有効に機能しなかった。

　総合調整を否定し，「環境」にかかわる利害を他の経済的利害関係と同格かそれ以下におく「経済調和条項」が，水質二法とそれ以降のほとんどの環境法に書き込まれていたことが，そのような調整を困難なものとしていたと考えられる。1970年のいわゆる「公害国会」で多くの新たな環境法の制定と同時に，既存の環境法の経済調和条項はすべて削除されている。しかし，経済調和条項が削除されて以降も，総合調整は機能せず，産業政策を担当する省庁からの強い圧力により，「環境影響評価法」を初めとする多くの重要施策の導入を断念し続けた。「日本の経験」の教訓は，明確に上位の政治レベルにおかれた行政機関でなければ，環境政策の進展のための総合調整を行うことは困難ということである。総合調整がなぜ機能しないのか，なぜ行政機構のなかに制度的に組み込まれないのかは重要な研究課題であるが，実証研究は十分に積み重ねられていない。

第6節　環境政策の政策形成

　公共政策の形成にかかわる要因は多様である。資源・環境に関する政策・法・制度の形成過程の場合は，(1)政策・法・制度の体系としての整合性の要求，(2)諸外国における趨勢からの影響，(3)突発的な事件・事故などが引き起こす危機への対応，(4)政治家などのアクターがもつ理想・信念の表出，(5)市民による要求と社会的な圧力，などが要因としてあげられる[13]。初期の資源・環境政策，環境法の形成過程では，先進国においても，環境保護運動や圧力団体が力をもっておらず，その進展が困難となった。初期の資源・環境政策，環境法は，突発的な事件・事故への対応が重要な要因となる場合が多い。後発国における資源・環境にかかわる政策・法・制度の形成過程では，先進諸国の初期の形成過程の場合以上に，環境保護運動や世論の社会的圧力は小さい場合が多い。環境政策の形成，環境法・制度の制定には，突発的な事件・事故による危機が生じていることも，社会的な圧力が顕在化していることも，重要な条件ではあるが必ずしも不可欠なものではない。上記のような諸要因は，発展段階が異なる各国のそれぞれの時期の政策・法・制度の形成過程で，どのように影響してきたかが，明らかにされる必要がある。

　以上のような背景を前提に，資源・環境にかかわる政策・法・制度の形成過程に影響を与える諸要因の整理を試みる。まず，資源・環境にかかわる政策・法・制度の形成過程は三つの局面に分けて考察することが有効であろう。(1)「自然科学的事象」としての問題の発生，(2)「社会問題」としての認識の拡がりと反応，(3)「政策課題」としての政治問題化と政策対応の制度化，である。

　まず自然科学的事象として問題が発生することは，他の公共政策の形成過程とは異なる，資源・環境問題の特徴である。「自然」の事物への，意図するか意図せざるかにかかわらず，何らかの人為的な働きかけがさまざまな反作用を人々と社会にもたらす。それは，大気や水や土壌など，さまざまな

「媒介」を経て，時には長い時間をかけてもたらされるため，本源的な不確実性を伴う現象となる。空間的に拡がりをもち，長い時間を経た作用であることが多いため，被害が明らかになり，原因が示されて「社会問題」として認識されるまで時間がかかる場合が多い。

　個々のさまざまな自然科学的事象が，社会問題として認識される際に，問題としての切り取り，括り，線引き（フレーミング）が行われている。大気や水の汚染や廃棄物の投棄が「公害」として認識され，生活環境の悪化や生態系破壊など多くの事象と合わせて「環境問題」として括られ，社会問題化していった。環境問題は，身近な生活環境から，地域の局地的な問題，一国レベルの全国的な問題，国境を超えた国際的な拡がりをもった問題，さらにはオゾン層破壊や温暖化のような地球規模の問題まで，空間的な範囲を拡げてとらえられるようになった。潜在的な問題が顕在化していく過程では，新たな科学的な知識の獲得と，社会運動等の新たな社会組織の形成が重要な役割を果たした。

　「自然科学的事象」としての環境問題は，直接に政策課題として取り上げられることも考えられるが，ほとんどの場合，社会問題として顕在化してから，政策課題として認識される。温室効果ガスによる地球温暖化問題では，地球規模の拡がりをもつ問題であるが，問題としての認識は一部の科学者と政治家，先進国の一部の運動家には深刻な問題として認識されたが，多くの国々で社会問題として顕在化することなく，国際社会を通じて政策課題として顕在化している。しかしこれは例外的である。社会問題が政策課題として取り上げられる際にも，さらなるフレーミングが行われ，問題が切り取られ，既存の政策体系，行政組織にどのように当てはめるかが検討される。政策課題として取り上げられた後，実際に政策として制度化されるためには，関係者の利害の調整が行われ，合意形成が図られる必要がある。政策課題となった段階においては，コミュニティ自治，地方政府，中央政府，国際社会といった階層性があり，階層間での相互作用がみられる。

　環境政策の形成過程では，自然科学的事象の発生が社会問題として認識さ

れて顕在化し，政策課題として取り上げられ，利害関係の調整を通じた合意形成によって政策として制度化される。他の公共政策と比較した特徴は，必ず自然科学的事象が背景にあること，そのため不確実性が存在すること，そして新しい問題であること，すなわち後発性である。三つの局面は，遷移するものではなく，自然科学的事象としての環境問題は社会問題化した後も政策課題となった後にももちろん継続するし，社会問題としての環境問題は政策課題となった後も継続する。

　自然科学的事象から社会問題へ，社会問題から政策課題へと，局面が拡大し，環境問題は政策として制度化される。環境政策の形成過程を，この局面が展開する過程で，さまざまな要因が作用する過程としてとらえることができる。環境政策の形成を促進する要因は多様であるが，阻害する要因も多様である。公共政策としての後発性は，先にみたように，環境政策の形成を阻害する要因となり得るが，政策としての新規性が社会的関心や政策立案者らの関心を引き，利害関係者が少ないことがむしろ政策立案者に「先乗り」を競わせて，政策を推進する要因となる可能性もある。この場合に重要な条件としては，問題のフレーミングの斬新さと，範囲が適当であるか否かであろう。フレーミングの斬新さは，社会運動団体や政策立案者らの関心を引きつけるために重要であり，問題の境界線の設定による範囲の確定は，利害関係の範囲を規定し，政策形成過程における利害調整に影響を与える。ただし，以上のような公共政策としての「新しさ」という意味での後発性が政策形成を推進するためには，政治的な自由や民主主義が存在し，人々の社会的関心が政治，政策過程に反映される仕組みが存在し，十分に機能している必要がある。

　環境政策は，大規模な災害，事故，事件の発生が直接のきっかけとなって大きく進展することがある。これは，そのような突発的な外生的ショックが，短い時間での政策的対応の必要性を生じさせ，上からの政治的リーダーシップなどによる政策形成や改革を行わざるをえない状況がつくり出されたと解釈できる。あるいは，災害，事故，事件が発生することがきっかけとなって，

政治的危機が生じて，一種の社会的合意が無理矢理につくられると考えることもできる。では，なぜそのような形で，多くの公共政策，環境政策は形成されるのであろうか。

第7節　災害・事故・事件と政策形成

　大規模な災害，事故，事件の発生が直接のきっかけとなって政策が大きく進展する事例は，資源・環境政策だけではなく，多くの公共政策において観察されている。アメリカを中心とした公共政策学（Public Policy）においては，「災害と公共政策」（Disaster and Public Policy）という分野が提唱され，一定の研究の蓄積がある[14]。資源・環境政策を事例とした分析もみられる。発展途上国における事例研究では，この分野を意識して行われたものは，まだあまりみられない。資源・環境政策の進展は，先進国においても発展途上国においても，さまざまな偶然によって引き起こされる場合が多い。突発的な出来事がきっかけとなる事例は，その最も典型的なものであろう。二つの後発性が障害となってその進展が困難な発展途上国の資源・環境政策では，突発的な事件，事故により，その障害が一気に克服されて進展する場合が多いと考えられる。

　すでに述べたように，環境政策の形成過程では，自然科学的事象から社会問題へ，社会問題から政策課題へと，局面が拡大するとみることができるが，それぞれの移行においてさまざまな要因が働く。自然科学的事象から社会問題への局面が拡大する過程では，科学的知識の獲得が最も重要であり，マスメディア等による知識や情報の普及も重要な要因となる。社会問題から政策課題への拡大では，社会運動やマスメディアの活動と，選挙などを通じた社会的関心の政策決定過程への反映が重要となる。さらに，政策課題に取り上げられた後の局面でも，政策立案当局と立法機関において利害調整などが進まず停滞する場合がある。また，政策課題の局面では地方政府，中央政府，

国際社会など，異なるレベルの間で進展の速度が大きく異なることもある。

　いずれの局面における政策形成過程の停滞も，大規模な災害，事故，事件の発生によって解消し，政策形成につながる可能性がある。政策形成の過程が停滞する理由にはさまざまな可能性がある。大規模な災害，事故，事件の発生による環境政策の形成は，先進国においては自然科学的事象にとどまっていた問題が一気に社会問題，政策課題へと局面を拡大させる場合が多い。そもそも社会的に問題に対する認識が広がっていなかった場合である。システムとしての「開発主義」[15]を行っている後発国では，先進国ですでに対策が行われている問題で，自国においてもすでに問題が発生して社会的に認識されながらも政策課題に取り上げられていない場合や，政策課題となっていながら利害関係の調整が行われず停滞していた問題が，大規模な災害，事故，事件の発生によってようやく政策としての優先順位が高まり，政策形成につながる場合が多い。あるいは，すでに形式的には制度化されながらも開発政策を優先するため実施されていなかった政策が，大規模な災害，事故，事件の発生によってようやく有効に執行される場合もある。

　災害，事故，事件は，資源・環境政策の進展に重要な役割を果たすことがあるが，そのような形で導入された政策には限界がある場合も多い。災害，事故による資源・環境政策の形成，進展の事例は，大きな外生的ショックによる政治的な危機が，ある種の社会的合意，あるいは政治的合意を形成させたと考えることができる。事件，事故による問題のフレーミングが，制度と組織の変化をもたらす。危機によって生じたそのような政治的，社会的合意は，その場しのぎのものであり，その時々の入手可能な手段を用いた場当たり的な対策をもたらし，その経路依存性により後の政策の発達を結果として阻害する可能性もある。後発国において，政策課題の局面で停滞していた環境政策形成過程が大規模な災害，事故，事件の発生によって一気に制度化される場合，その限界が内在されることにより，後になってその弊害が現れやすい。システムとしての開発主義を行っている後発国では，開発政策がその他の公共政策よりも優位な位置をもち，後発の公共政策である環境政策が有

効に行われるためには，開発政策との調整が不可避である．災害，事故，事件の発生によって一気に制度化される場合，そのような調整過程が十分に機能せず，形だけの制度化に終わり，その後の有効な対策をむしろ阻害する可能性もある．

「日本の経験」をみても，最初の環境法である水質二法は，1958年6月に汚水によって水産物に損害を受けた千葉県浦安町の漁民と大規模な衝突事件を起こしてメディアの注目を集めた，本州製紙江戸川工場事件が直接の契機となって，その年の12月に成立している．初めての中央政府レベルの環境規制法がわずか6カ月あまりでゼロから制定されるということはありえない．実際，水質二法には長い前史がある．しかし，法制定の経緯をみるかぎり，本州製紙江戸川工場事件がその直接の契機であったことは明らかである．本州製紙江戸川工場事件が起きていなければ，この時期に水質汚濁を規制する法律が成立したとは考えられない[16]．

水質二法の直接の前史をみるだけでも，水質汚濁を規制，防止する法律は，関係省庁の間で数年にわたる不調に終わった調整があったことがわかる．水産資源保護の立場から水産庁が，公衆衛生の立場からは厚生省が，それぞれ長年にわたって，水質汚濁を防止する法律の制定をめざして関係省庁と交渉していた[17]．1953年12月には，厚生省が幹事役となった「水質汚濁対策連絡協議会」が開かれ，関係省庁が参加して規制法制定を視野に入れた交渉が行われていた．その後，厚生省は前面に立つことをやめて，代わって1957年3月からは経済企画庁が，法制定に向けた省庁間交渉をとりまとめる役割を担ったが，鉱工業育成を担当する省庁からの強い抵抗を受け，法案をまとめて国会に提出することはできなかった．頓挫していた省庁間の交渉が短い期間で決着したのは，本州製紙江戸川工場事件がメディアに大きく取り上げられて社会的関心を集め，水質汚濁を防止する法律が存在しないことの問題が広く認識されたことが大きかった．具体的には，国会の委員会に省庁間交渉を行っていた関係省庁の担当官らが呼び出され，議員からの質問を受けて，次期国会までには法案を提出するとの約束をさせられたことが，水質二法の成

立の最も重要な要因であった。国会という場での約束により，省庁間交渉の期限が切られた。しかし，交渉の期限が切られた結果，交渉力をもったのは鉱工業育成の立場から法案に抵抗していた通商産業省であった。「経済調和条項」をはじめとする，水質汚濁規制の実効性を妨げるようなさまざまな条項を盛り込んだ修正案をほとんどそのまま飲み込んだ法案を，経済企画庁は提出せざるをえなかった[18]。

　水質二法は，今日では典型的な「ザル法」として知られ，実効性がほとんどなかったと評価されている。むしろ実効性をともなった規制が実施されることを遅らせるための時間稼ぎとして機能したという評価もある[19]。水質二法が機能しなかったことにより，高度経済成長期に産業公害による水質汚濁は有効な対策がとられないまま拡大し続けた。その最も重大な帰結は，水俣病の拡大であろう。水俣病の公式確認は1956年5月であり，その最初の政治問題化は水質二法の制定につながる省庁間交渉が行われていた時期と重なっていた。有機水銀が原因物質であることは科学的に確定していなかったが，この時期に水銀を含んだ排水を有効に規制することができていれば，健康被害のさらなる拡大を防ぐことができたはずであった。また，第2の水俣病である，阿賀野川流域での新潟水俣病の発生を防ぐことも可能であったかもしれない。実際には，水質二法が内在していたさまざまな制約により，水銀の排出規制は，原因企業の工場が問題となった工程を廃止する以前には，実施されることはなかった。規制は行われなかったわけではないが，被害の拡大を防ぐためには間に合わなかった。2004年の水俣病関西訴訟最高裁判決では，水俣病の被害を拡大させた国の責任が確定したが，その根拠となったのは水質二法であった。「ザル法」であり，有効な規制を行うことは難しかったが，それでも適用していれば被害の拡大を防ぐことができたと，司法は判断した。水質二法は，水俣病の拡大を防ぐことができなかった法律として，環境政策の歴史のなかにその名を残すこととなった。

　水質二法の事例から，突発的な事故，事件への対応から形成された制度には重大な欠陥が残る可能性があることがわかる。突発的な外生ショックへの

消極的な対応からは，十分な改革，問題の取り込みができない場合がある。外生的ショックと環境政策の形成過程との関係とその問題点について，発展途上国での実証研究を積み重ねる必要がある。

第8節　「後発性」をもたらすもの
　　　　――再び「資源」と「環境」をめぐって――

　経済開発過程における環境政策の形成に関連する二つの後発性をめぐって議論を進めてきた。二つの後発性は，環境政策の形成過程を整理し，理解するために，ある程度有効な枠組みであると考えられる。それでは，それらの後発性はどのようにして生じていると考えられるであろうか。

　経済開発における後発性は，産業化による経済成長が地理的，空間的に散らばりがあるかぎり，世界のどこかで，あるいは一国の内部においても，不可避に発生する。その生成は，その意味で自明のことである。歴史的にも，近代資本主義が発生したイギリス以外では，ヨーロッパ諸国でもフランス，ドイツ，ロシアなどは「後発国」と位置づけられる。一国のなかでも，地域的な格差は常に存在し，その緩和は重要な政策課題である。ただし，この経済開発の後発性を利用して急速な産業化をめざす開発主義的な政策を採用することは，すべての後発国がめざしたわけではないし，またその採用によって産業化に成功するとは限らない。経済開発の後発性は，開発政策を行う当局によって認識されなければ，政策に組み込まれることはない。

　公共政策としての後発性についても，あらゆる政策が同時に形成されることはあり得ない以上，必然的なものであるとも考えられる。それがどのように生成されたかを考察することは無意味であろうか。公共政策の体系のなかで，環境政策がなぜ，どのようにして後発の政策として形成されてきたのかは，考察に値すると考えられる。むしろ，環境政策とはどのような公共政策であるのかを，その源流にさかのぼって考察するという意味で，重要な作業

であろう。

　すでに述べたように，環境政策の形成過程では，少なくとも三つの局面が考えられる。さまざまな自然科学的事象が社会問題，さらには政策課題として局面を展開するためには，いくつかの問題が選択され，切り取られ，範囲が確定されて，一つの出来事として括られなければならない。この括られ方，切り取られ方には，多様な可能性がありうる[20]。「環境」というフレーミング以外にも，すでに存在した「資源」という括り方を拡大して，現在私たちが環境問題と考えている範囲のほとんどを覆うという可能性も存在した。「環境」という枠組み以前には，多くの国で「公害」という形で当初は問題が認識されていた。健康被害が想起される「公害」というきわめてネガティブな枠組みから，より広範な現象を含み，ポジティブな印象に転換が可能と期待された「環境」へと認識の枠組みの転換が図られたと考えられる。一方で，「資源」という枠組みを拡張し，その総合利用として自然災害と環境破壊をそのなかに包摂する試みは十分に成功しなかった。同様の自然科学的事象が，「公害」や「環境」とは明らかに異なる枠組みで「資源」問題としてとらえられる可能性は存在したが，広く受け入れられることはなかった。「資源」というフレーミングがもつ，古くからある鉱物やエネルギーに限定された狭い印象が強く残ったことが，その受容を妨げたと考えられる。さらに1970年代初めの石油危機による狭い意味での「資源」問題の再浮上は，この古い枠組みとしての「資源」のフレーミングを固定する，決定的な役割を果たした[21]。

　「資源」という既存の枠組みを拡張した，広義の資源の総合利用といった枠組みが定着することはなかった。「資源」という枠組みでは，その物的形態の所有と利用にかかわる主体に関する議論がその考察の中心となり，土地所有のような古来からある関係に基づく，所有者と利用者だけの問題ととらえられやすい。一方，公害問題や環境問題といった枠組みは，社会的な関心を集めたことを背景に，社会問題，さらには政策課題として定着した。また，石油危機以後，狭義の資源の古い枠組みが依然として社会的な関心を強く引

きつけていたことも，広義の資源の定着を妨げたと考えられる。

　宇井純が強調し続けたように，「公害」は決して新しい問題ではなく，産業化の初期から顕在化しており，技術的な対策が可能であることは古くから認識されている場合が多かったにもかかわらず，長年にわたって制度的，政策的な対応が十分に行われなかったために，同様の問題を地理的に拡大しながら繰り返してきた[22]。環境問題を，その問題として「新しさ」を強調することによって社会的な関心を集め，社会問題，政策課題としての重要性が主張される，という方向が確定した。新しい問題として提示されることにより，狭義の資源にかかわる所有と利用を中心とした利害関係を組み替え，公共政策の新たな課題とすることに成功したと考えることができる[23]。技術の変化により，「資源」の利用の規模が拡大し，その影響は所有者と利用者を超えて，「負の外部性」として広く社会問題へと拡大していったことが，その背景にあった。環境問題の問題としての「新しさ」は，すでに述べたような公共政策としての後発性として，環境政策の形成を妨げる要因となった。しかし一方で，その問題としての「新しさ」は，社会的関心を引きつけ，政治家の新しい分野への先乗りを競わせるという，政策形成を促進する要因ともなり得る。利害関係者が少ない，あるいは利害を代表する主体が存在しないことは，政治家や社会運動団体に先乗りを競わせ，さらには利害調整をむしろ容易にする可能性もある。

　ただし，そのような問題としての「新しさ」が政策形成を促進する要因は，人々の社会的関心を引きつけ，拡大させ，それを政策課題に反映させるような，政治的自由と民主的な政治制度が，背景として存在しなければならない。経済開発政策によって急速な産業化をめざしている後発国では，そのような前提条件は必ずしも成立しない。経済開発の後発性によって，公共政策としての後発性と表裏一体の政策としての「新しさ」がもつ優位性は，生かされることが困難となるであろう。先進国において「環境」という新しい領域として政策課題が設定されると，第4節で述べたような国際的な相互作用，相互連関の働きによって，並行して，あるいは何年かの間隔をおいて，後発国

でも同様の問題設定の枠組みが採用される。後発の公共政策としての環境政策という枠組みが，国際的に共有されることによって固定される。後発国は，政策過程において，この環境政策として固定化された枠組みから逃れることは困難となる。

第9節　本書の構成と論点

　以上，資源・環境政策の形成過程を，二つの後発性という視点から考察した。以下，各章の内容を要約する。個々の論文はそれぞれの各論であり，独自の論点に集中して論じているが，全体としては以上に述べたような問題意識を共有している。発展途上国である中国，タイ，カンボジアについては近年の出来事を，中進国である台湾と先進国であるドイツ，アメリカについては過去の歴史的な出来事を取り上げている。いずれの章も，政策・法制度・組織の形成について，とくにその初期の過程に焦点を当てた実証研究である。資源・環境政策は，関連する他の政策や行政組織が存在するなかで形成されるために，その初期段階でとくに大きな困難に直面する場合が多く，またその困難がその後の形成過程を強く規定する場合が多い。先行研究の多くは政策がある程度定着して以降の時期だけを取り上げる傾向があるが，それでは不十分であろう。

　第1章では，「中国では環境政策の形成・発展がみられるのに，なぜ環境災害が頻発しているのか」という問題意識から，災害対応と政策形成の「重層化」のプロセスに着目して，2005年に発生した松花江水汚染事故の事例を考察する。この事件では，工場爆発事故により下流地域の水道水源である河川に有毒物質が漏出したことが約10日間隠され，事故処理過程のなかで国家環境保護総局長が引責辞任を迫られるという事態に及んだ。この災害対応過程のなかで，上からの監督検査活動という既存の政策フレームを通した環境安全リスク管理の強化，応急計画の策定による事故情報の迅速な伝達の制度

化，問責制という国家行政機関の責任者や業務従事者，企業の責任者に対する責任追及の制度化などがなされてきた。このうち環境安全リスク管理は同事件を直接の契機にして展開されたものであるが，応急計画については同事件より2年前に発生したSARSという公衆衛生事件への対応が契機となっており，松花江水汚染事故は環境汚染に関する象徴的な突発的事件の「失敗のモデル」となったことを指摘する。また同事件後に全国的な環境安全リスク管理が強化されたにもかかわらず環境汚染事故は依然として頻発しており，しかも幹部問責制度の強化は地元政府の情報開示を委縮するような作用をもつようになっていること，さらに同事件の地方当事者の責任追及があいまいにされている可能性があることなど，問題の根本的な要因に切り込むような政策展開にはつながっていないことを指摘する。

　第2章では，「タイ2011年大洪水」を契機に，資源環境政策のなかでは大きな展開のあったタイの水資源管理政策を取り上げる。とくに，「大洪水」の後，タイの水資源管理政策にどのような経緯から従来の緩慢な制度変化を破る変革が生じたのか，それがなぜ政争の対象へと転じていったのか，を論じる。またタイの水資源管理政策の要にある「局支配」が持続する背景を考察する。タイの水資源管理政策は，分節化した担当局間の複雑な権限の整理・統合が課題とされ，1997年以降は制度改革が試みられた。しかし2000年代には，政治的不安定から改革の遅滞が目立っていた。しかし，タイ史上最大の経済的被害を記録した「大洪水」を機に，2011-2013年まで，新たな水資源管理組織の創設（National Water Policy and Flood Committee: NWPFC）や短期治水計画の実施，長期治水総合計画の策定といった大きな動きが生じている。しかし，局レベルで迅速に実施された短期治水対策に対して，新たな水資源管理組織NWPFCの意思決定は，政治家中心の計画策定や長期治水総合計画の入札をめぐる不透明性が指摘され，組織創設からわずか3カ月で行政訴訟を起こされ，2014年1月現在も反政府運動の攻撃対象となっている。このように，タイの政治的不安定から，政治家中心の水管理組織の再編は先行きが危ぶまれ，古くからの局中心の政策だけが安定的に政策を進めているこ

とを論じる。

　第3章では，カンボジア・トンレサップ湖の漁区システムの撤廃がもたらしうる影響を，資源をめぐる国家と社会，その関係に影響を与えてきた資源関連部局の相互関係に着目して検討する。カンボジアでは，政治的な支持を取り付けるための誘因として資源アクセスが利用されてきた。そのためのメカニズムが森林や漁場など特定の資源を採掘・利用する権利を指すコンセッションであった。資源アクセスの操作は多くの場合，政治家や高級官僚と一体化した一部のエリートに利権を集中させる形で行われてきた。ところが，カンボジアのトンレサップ湖では2012年に，それまで100年以上機能してきた区画漁業権の制度が完全に撤廃され，区画の多くは零細漁民に開放された。地域住民による漁業資源への日常的な依存度が高いトンレサップ湖では，漁区撤廃という懐柔策の効果は大きく，だからこそ政府は歳入の面でもGDPという面でも相対的に小さいトンレサップ湖の漁業資源に繰り返し介入してきた，というのが本章の仮説である。一連の介入の背景には，水産局が属する農林漁業省と新興勢力として力を強めてきた水資源省との間の部局間権力争いがあった。政府による漁区撤廃の介入が選挙のタイミングに符合してきたことは単なる偶然とみるべきではない。こうした懐柔策の社会的，環境的な効果は，地方分権の推進や民主化というスローガンのオブラートに包まれたまま検証されてこなかった。本章では，住民が喜ぶ政策は，より巧妙な統治の技法として，注意深い検討が必要であることを論じる。

　第4章では，台湾の水質保護政策の形成過程を概観し，台湾で最初の環境法となった1974年の水汚染防治法に内在したさまざまな問題と，その制定過程について分析する。水汚染防治法は1974年という比較的早い時期に制定されている。当時の台湾は権威主義体制下にあり，言論の自由はなく，マスメディアの報道も制限されており，環境保護運動も社会団体の組織も厳しく弾圧されていた。そのような状況でなぜ水汚染防治法などの初期の環境法が制定されたのか。その要因としては，(1)重化学工業化，国内資源開発を重視した政策への開発政策の転換，(2)第2次世界大戦後初めての国政選挙が行われ，

台湾で選出された議員が議会で発言する機会を得て，政府に対する環境問題への対策と立法化を要求したこと，(3)国際社会における環境政策重視の趨勢，があげられる。とくに台湾で新たに選出された議員たちは，中国大陸で1948年に選出されたまま改選されていなかった「万年議員」とは異なり，台湾の社会問題をよく知り，選挙の改選圧力を受けていた。開発政策の転換と国政選挙の開始は，台湾が国際社会での地位を失いつつあったことで権威主義体制が変容を迫られていたことによる。しかし，政治的自由化の成果としての環境法の制定には，重大な限界があった。法制度自体の不備と執行の不完全さにより，水質汚濁の拡大は続いた。法制度が改善され，排出規制が実効性をもつようになるのは，政治的自由化，民主化が進んで公害紛争が激化し，それを受けて環境行政組織が整備される1980年代半ば以降であった。1974年の立法化の時点で，それ以前の日本を初めとする先進国の環境法の失敗を学び，修正することができたにもかかわらず，同様の失敗を繰り返してしまった。

　第5章では，ドイツ容器包装令の成立過程を取り上げる。容器包装廃棄物の発生抑制を目的としている容器包装令は，容器包装廃棄物の回収における事業者責任の明確化，それを受けた経済界による容器包装廃棄物の回収・リサイクルシステムの「デュアル・システム」の創設ゆえに先進的と評される。本章では，容器包装令の成立における公聴会の位置付けを明らかにするため，公聴会議事録を分析し，以下の点を明らかにしている。まずBMU（連邦環境省）にとって公聴会は実質的な議論の場ではなかったことである。またBMUにとって容器包装令成立のために必要な要件は，(1)経済界によるデュアル・システムの設立によって公共部門が回収・分別する廃棄物から容器包装廃棄物を除外し，公共部門が処理する廃棄物量を著しく減少させ，州の廃棄物非常事態の解消に貢献することと，(2)容器包装令が州政府の閣僚によって構成される連邦参議院で賛成を得ること，であった。そのためには，州側が要求していた飲料容器のリターナブル率維持とともに，経済界の提案のままでは容器包装廃棄物の焼却を著しく進めかねないデュアル・システムに対

して，州の要求どおりにマテリアル・リサイクルを課すことが必要であった。1990年5月の段階で第1の要件に見通しをつけたBMUは，関係者の意見が集約される公聴会を修正のための舞台としたと考えられる。本事例は，拡大生産者責任導入の先進例という環境政策としての一面をもつ一方で，リサイクル産業の発展を意図した産業政策でもあり，その意味で環境政策と産業政策が統合されている。公聴会とその後の修正提案を通して，以下の点が明らかになった。すなわち，経済界がめざしたのは，目標や制限のないリサイクル推進による環境政策と産業政策の統合である。一方，BMUがめざしたのは，マテリアル・リサイクルの優先およびリターナブル率という目標設定によるリユースの推進という枠組みのなかでの環境政策と産業政策の統合であった。BMUが，デュアル・システムによる即効性ある廃棄物対策を基本としつつも，容器包装令成立の鍵を握り，廃棄物問題に頭を悩ませていた州の要求に配慮しなければならない事情が，両者の姿勢の違いを生んだ。

　第6章はニューディール期のアメリカにおける保全政策の形成過程を分析する。この時期のアメリカでは，保全の名の下に，電源開発事業，灌漑事業，植林事業等の多種多様な政策が同時並行的に進められていたが，それによって，事業の重複や省庁間紛争が頻発し，ひいては予算の無駄遣いや資源利用環境の悪化が生じるという事態が問題視されるようになった。これに対処するために，ルーズベルト政権（FDR政権）は，アメリカ政治史上初の本格的な環境（当時は保全）行政組織改革に着手する。当時提案され，一部は実施にまでこぎつけた組織改革のアイデアは，次の二つであった。一つは，保全が複線化する状況下において，権限の一定程度の分散を認め，何らかの方法で政策調整を図ろうとするものであった。ルーズベルト政権では，連邦政府内に小規模のスタッフ機関を設置し，これに保全に関連する施策・事業を俯瞰する責務とそれに必要な権限を与え，バラバラに進みがちな保全関連の政策を調整していくことが試みられた。もう一つは，権限を一カ所に統合してしまうという，単純かつ古典的なやり方である。このアイデアは1930年代以前にも唱えられてはいたが，ニューディール期に初めて，政権の公式政策の

一部としてとり入れられた。具体的には，巨大な保全省の設置である。本章では，当時の1次資料（例：ホワイトハウス内部で交わされたメモ）に多くを負いながら，これらの二つの方策が一部実施され，一定程度の成果を上げながらも，歴史の表舞台から消え去っていった経緯を辿り，「保全」という古くからの理念が，当時の行政組織改革の契機となるとともに，障害ともなっていた状況を指摘する。その上で，1960年代から1970年代にかけての環境行政組織改革が，「環境（environment）」という，新たな「後発の理念」の活用によって実現したという仮説を示し，環境をめぐる権限の分散への対処のあり方が，「後発性」の議論と絡めて，検討するべき課題であると論ずる。

　以上，各章の議論を紹介した。各章では，それぞれの地域で資源・環境政策の異なった領域を対象として取り上げており，全体として直接の国際比較をめざす共同研究ではない。本章では，二つの後発性という考え方を使って，経済開発過程における資源・環境政策の形成についての見取り図を描くことを試みたが，各章のすべての議論が直接に二つの後発性と結びづけられるものではない。本章でここまで議論してきたように，拡張された意味での資源政策も，環境政策も，ある特定の自明の対象に対する独立した政策としてとらえるだけでは不十分な領域である。以上の6つの事例研究によって，先進国と，中進国，発展途上国が共通して経験してきた経済開発と資源・環境保全の相互作用に関する実態の分析を通じて，資源・環境にかかわる政策分野がいかにして見いだされ，利害関係が組み替えられ，政策領域として認知され，社会に定着しつつあるかを描き出すことができると考えられる。以下，各章の内容の一部を用いながら，事例を対比させることによって，それぞれの議論をどのような方向から深めていくことができるかを検討してみたい。
　いずれの事例研究も，「資源」と「環境」の境界にかかわる議論をあつかっていると考えることができる。2005年の中国の事例（第1章）では，水資源の飲料水としての利用が，工場の突発的な事故による水汚染によって妨げられる。2011年のタイの事例（第2章）では，洪水という水資源の負の側面

への対策をあつかい，突発的な洪水によって長く続いた局支配を超える新たな行政組織に組み替えられようとしている。2012年のカンボジアの事例（第3章）では，漁業資源を管理する制度が政治的，経済的な条件の変化にともなって大幅に組み替えられ，資源の過剰な利用と生態系への影響が懸念されている。1974年の台湾の事例（第4章）をみると，初期の環境政策として形成された水汚染対策の法制度では，環境保全よりも水資源の利用という側面が強調されている。1991年のドイツの事例（第5章）では，容器包装廃棄物を資源として再生させるリサイクルが制度化される過程を描き出している。1920年代から30年代のアメリカの事例（第6章）では，保全の名の下に行われていたさまざまな政策を統合するための新たな行政組織がつくられたが，定着しなかった。各章のいずれの事例も，狭義の資源の利用や保全としてのみとらえられる政策ではなく，広義の資源あるいは「環境」にかかわる政策が扱われている。以下，この章での資源・環境政策の形成過程の整理で用いたいくつかのトピックと，各章の議論との関連づけを試みる。

　中国（第1章）とタイ（第2章）は，ともに突発的な事故や災害が資源・環境政策に与えた影響を考察している。中国では，水質汚染事故への対応が環境安全リスク管理の制度の形成を促したが必ずしも有効に機能せず，同時に導入された幹部問責制度の強化が情報開示を萎縮されてしまった。また，タイの事例では，突発的な災害により新たな行政組織が形成されたが，十分に機能していない。一方，台湾の事例（第4章）では，突発的な事件，事故が起きなくても水質保全政策が形成されたがほとんど機能せず，重金属汚染による「緑色牡蠣事件」が発生して初めて，実効性がある執行が可能になるように法改正が行われている。これらの事例は，後発国がその後発性ゆえに先進諸国の経験から問題を早く把握し，早い段階で対策をとることが可能であったにもかかわらず，突発的な事件等による政治問題化が起きなければ，政策対応が進まなかったことを示唆している。

　アメリカの事例（第6章）も，タイの事例と同様に，「保全」にかかわる政策を統合する行政組織の形成が試みられたことが取り上げられているが，

十分に機能しないまま，歴史の表舞台から消えてしまった。しかしアメリカの事例は行政組織の乱立を解消するための行政改革が政権内部から試みられた事例であった。それは保全の概念の拡大による対応の挫折であると同時に，政策統合の失敗ともとらえられる。アメリカでは，1960年代から70年代にかけて「環境」という新たな理念によって，かつての「保全」と同様の政策課題が後発の公共政策として提示され，政策・制度として，行政組織としての定着に成功し，政策の総合調整の制度化が行われるようになった。

　一方，ドイツの事例（第5章）では，資源リサイクル政策が環境政策としてよりも，リサイクル産業を育成する政策として推進されたことが示されている。このように「後発の公共政策」である環境政策が，他の公共政策の一部として推進される事例は，経済開発を進めている発展途上国だけではなく，先進国でもみられることが確認された。これは後にEUを中心に展開される環境政策統合とは逆の，産業政策への環境政策の従属である。この状況から現在の環境政策統合への転換は，発展途上国においては容易ではないと考えられる。

　「資源」から「環境」への問題設定の推移は，いずれの事例でも観察される。しかし「環境」が新しいフレーミングとして政策形成に十分な機能を果たすためには，政治的自由と民主主義が前提条件として存在する必要があると考えられる。多くの発展途上国や，かつての中進国ではその条件が十分に備わっていなかったため，政策形成の途中の段階で停滞したままの状態が続いていた。そうした条件下で，突発的な事故による政治問題化が政策形成を促していると考えられる。

　今回取り上げたなかでは最後発国であるカンボジアの事例（第3章）では，天然資源へのアクセスの操作による分配の操作が，貧困層の生計に対して依然として大きな影響を与えていることが示されている。天然資源への人々の依存が依然として強い状況下では，政治的自由化，民主化は政府に対して資源アクセスの政治利用の誘因を与えた。水産資源の事例においては，生態系への影響や資源そのものの過剰な利用による劣化が懸念されているが，「環

境」という新たなフレーミングが政策形成に影響をもつ段階には到っていないことがわかる。

　以上，各章の事例を用いて，この章で取り上げた「後発性」や，「資源」と「環境」にかかわる議論との関連づけを試みた。さらに事例研究を積み上げて，以上のような作業をより深める必要があるが，それは今後の課題としたい。

〔注〕
(1) 経済開発過程における資源の役割に注目した資源論については，佐藤（2011b）を参照。「環境」ではなく「資源」の問題としてとらえることにより，人々の資源に対する働きかけが行われて，その作用として起こるさまざまな問題の一つとして環境問題をとらえることが可能になり，経済開発の過程での環境問題をとらえるためには有効な視点と考えられる。
(2) 「後発性の利益」が環境政策において働きうるのかは，当時の台湾を念頭に寺尾（1993）で検討している。経済開発の後発性全般に拡張した議論としては，寺尾（2002）がある。
(3) 環境政策の公共政策としての「後発性」については，寺尾（2013）を参照。寺尾（2013）では本章で取り上げる「二つの後発性」を「二重の後発性」と呼んでいる。「二つの後発性」には，それぞれに政策形成過程に対する正と負の側面があり，その組み合わせはさまざまな可能性がある。本章では，「二重の後発性」と呼ぶことで発展途上国における環境政策形成過程の負の側面のみを強調する印象を与えることを避けるため，「二つの後発性」とした。
(4) 「権限の分散」の問題については及川（2003, 2-12）で主に日本の環境行政を事例に論じている。また佐藤（2011a, 66-68）では，資源・環境行政において部局間の権限義務が断片化する理由として，行政の縄張りが歴史的な順序のもとづいて徐々に固定化してきたことをあげている。
(5) 本節は寺尾（2013）第3節を元に，Paul Piersonの時間軸に関する議論として再構成し，「後発性」に関する議論に拡張したものである。Pierson（2004）を参照。環境政策研究と時間軸に関する議論としては，喜多川（2013）も参照。
(6) たとえば，OECD（1977）がよく知られている。
(7) 寺尾（1994），寺尾・大塚編（2002）などを参照。
(8) 宇井（2002）などがあげられる。
(9) 寺尾（2003）などで，「日本の公害経験」の海外への発信に際しての問題について考察している。

⑽日本における産業政策としての環境政策については寺尾（1993）および寺尾（2002），産業間の資源利用調整策としての水質保全政策については寺尾（2010）で論じている。
⑾環境政策統合については松下（2010），森編（2013）等を参照。
⑿総合調整，およびアメリカ合衆国大統領府の環境諮問委員会については，及川（2003），及川（2010）を参照。ただし，中央省庁の再編以後の日本の行政組織において，総合調整は異なった意味で用いられている。
⒀Elliott, Ackerman, and Millian（1985），および葉俊榮（1993）を参照。
⒁Birkland（1997），Birkland（2007）などの研究がある。
⒂末廣（1998）は「開発主義」を以下のように説明している。「途上国の『開発』という言葉を，特定の国家目標に向けて国民を動員していくための基本スローガンにすえたという意味で，開発は一つの政治イデオロギーである．そして，このスローガンをてこにして，個人や家族あるいは地域社会ではなく，国家や民族の利害を最優先させ，国の特定目標，具体的には工業化を通じた経済成長による国力の強化を実現するために，物的人的資源の集中的動員を管理を行う方法を，ここでは仮に『開発主義』とよんでおきたい」（末廣1998, 18）。
⒃淡路（2003），大塚（2002），北村（2011a），北村（2011b）など，環境法のテキストブックのほとんどで，日本で最初の中央政府レベルでの環境法である水質二法の成立を取り上げ，本州製紙江戸川工場事件がその直接のきっかけであったことを説明している。
⒄北村（2011b, 329-331）「第11章 水質汚濁防止法，第Ⅰ節 水質汚濁防止法前史」では，水質二法について「数ヶ月で法案を成立させるために，担当であった経済企画庁がかなりの譲歩を余儀なくされたことは，容易に想像できる」と，また北村（2011a, 44-45）では，「ところで，浦安事件が発生したのが6月で，水質二法が制定されたのが12月というように，法案作成はかなりの『突貫工事』だったように推測されます」と述べている。制定された水質二法の内容から，経済企画庁が著しく譲歩したことはあきらかであるが，以下の本文で説明するように，実際には決して何も準備がない状態から数カ月で法案を成立させたわけではない。
⒅本州製紙江戸川工場事件と水質二法の成立過程については，寺尾（2010）を参照。
⒆宇井（1988）などがあげられる。
⒇環境問題とフレーミングについては，佐藤（2002）で論じられている。
(21)広義の資源概念を用いた資源論については，佐藤（2011b）等による再評価が行われている。
(22)宇井（1988）では，大正期の日立銅山の大気汚染対策や岐阜県の荒田川の工

場排水対策などの先駆的な取り組みが取り上げられ，それらの成果が忘れ去られたことが，第2次世界大戦後の激甚な産業公害の発生につながったと述べている。また宇井（1996）では，明治期から第二次世界大戦後まで続く足尾鉱毒事件と，1958年の本州製紙江戸川工場事件を取り上げて，「戦後，公害ということが，永いこと過去の問題としてしか考えられなかった，あるいは過去の歴史と現在をつないで調べてみようという動きが少なかったのはなぜであろうか。これは失敗の歴史だと思うのです。」と述べている。

(23)「公害」は，明らかに「資源」とも「環境」とも深く関連する概念である。日本では1970年前後に「公害」という概念が急速に広まったが，70年代半ば以降は「公害」から「環境」へと社会的関心が移り，政策課題としても公害対策から環境政策へと，問題のとらえられ方が変化していったと考えられる。しかし，「公害」に代わって「環境」という問題のとらえ方が一般化することによって，「公害」は環境問題の一部と考えられるようになり，行政が定義する大気汚染，水質汚濁，騒音等の「典型7大公害」とそれに起因する健康被害として，その範囲を狭くとらえられるようになった（友澤2014）。本章での「資源」と「環境」についての議論の中で「公害」は，被害者と加害者の存在が明白であるような問題に限定すれば，資源の不適切な利用あるいは資源利用の負の側面としてとらえることができる。公害問題の社会科学的研究は，公害を被害と加害の社会関係としてとらえることから始まっている。しかし，第5節での議論から明らかなように，公害も自然と人間社会の境界で起こる問題であり，加害者が自然に働きかけ，大気・水・土壌等の自然物を媒介として，他者に負の影響を及ぼす問題である。自然物が媒介することによる因果関係の不確実性が環境問題を他の社会問題との違いを特徴づける。因果関係の不確実性が存在しなければ，被害加害関係は自明となり，環境問題と刑法上の犯罪のような他の社会問題の区別は困難になる。そのような意味で公害問題は社会問題として環境問題と同様の構造を持っている。ただし「公害」は，所有と利用の問題としての「資源」の延長としてとらえる方が原因と結果の前後関係がより強調されるため，環境問題の一部としてよりも，より適切と考えられる。また，この本源的な不確実性と因果関係を克服し，被害加害関係を立証することが，民法の不法行為の枠組みを前提とする公害対策では必要であり，その過程で科学的知識と研究・教育機関，研究者の社会的なあり方が問われてきた。

〔参考文献〕

<日本語文献>

淡路剛久 2004.「環境法の生成」，阿部泰隆・淡路剛久編『環境法』第3版　有斐閣　1-28.
宇井純 1988.『公害原論』（合本）亜紀書房（原著は1971年）.
――― 1996.「地球環境時代における足尾鉱毒事件の意味」（特集：田中正造大学開校10周年をむかえて）『救現　田中正造研究とわたらせネットワーク』(6).
――― 2002.「日本の公害体験」吉田文和・宮本憲一編『環境と開発』（岩波講座　環境経済・政策学2）　岩波書店　61-89.
及川敬貴 2003.『アメリカ環境政策の形成過程――大統領環境諮問委員会の機能――』北海道大学図書刊行会.
――― 2010.『生物多様性というロジック――環境法の静かな革命――』勁草書房.
大塚直 2003.『環境法』有斐閣.
喜多川進 2013.「環境政策史研究の動向と可能性」『環境経済・政策研究』6(1) 3月：75-97.
北村喜宣 2011a.『プレップ環境法』[第2版] 弘文堂.
――― 2011b.『環境法』弘文堂.
佐藤仁 2002.「『問題』を切り取る視点――環境問題とフレーミングの政治学――」石弘之編『環境学の技法』東京大学出版会　41-75.
――― 2011a.「資源の断片化と国際協力への新視角」東京大学大学院新領域創成科学研究科環境学研究系編『シリーズ＜環境の世界＞3　国際協力学の創る世界』朝倉書店　54-69.
――― 2011b.『「持たざる国」の資源論――持続可能な国土をめぐるもう一つの知――』東京大学出版会.
末廣昭 1998.「発展途上国の開発主義」東京大学社会科学研究所編『20世紀システム4　開発主義』東京大学出版会　13-46.
寺尾忠能 1993.「台湾――産業公害の政治経済学――」小島麗逸・藤崎成昭編『開発と環境――東アジアの経験――』アジア経済研究所　139-199.
――― 1994.「日本の産業政策と産業公害」，小島麗逸・藤崎成昭編『開発と環境――アジア「新成長圏」の課題――』アジア経済研究所　265-348.
――― 2002.「『開発と環境』の政治経済学をめぐって――政策と社会変動――」，寺尾・大塚編 2002　9-36.
――― 2003.「『日本の公害経験』はいかに伝えられたか」『アジ研ワールド・トレンド』(88) 1月：18-21.

─── 2010.「資源利用をめぐる産業間の利害調整としての水質保全政策──日本における『水質二法』の成立過程を中心に──」未公刊.
─── 2012.「資源・環境の視点からの開発論の再構成」『アジ研ワールド・トレンド』(199) 4月：37-38.
─── 2013.「『開発と環境』の視点による環境政策形成過程の比較研究に向けて」寺尾忠能編『環境政策の形成過程──「開発と環境」の視点から──』アジア経済研究所　3-29.
寺尾忠能・大塚健司編 2002.『「開発と環境」の政策過程とダイナミズム──日本の経験・東アジアの課題──』アジア経済研究所.
友澤悠季 2014.「『問い』としての公害──環境社会学者・飯島伸子の思索──」頸草書房.
松下和夫 2010.「持続可能性のための環境政策統合とその今日的政策含意」『環境経済・政策研究』3(1)　1月：21-30.
森晶寿編 2013.『環境政策統合──日欧政策決定過程の改革と交通部門の実践──』ミネルヴァ書房.

＜中国語文献＞
葉俊榮 1993.「大量環境立法──我國環境立法的模式，難題及因應方向──」『臺大法學論叢』22(1)　12月：105-148.

＜英語文献＞
Birkland, Thomas A. 1997. *After Disaster: Agenda Setting, Public Policy, and Focusing Events*, Washington, D.C.: Georgetown University Press.
─── 2006. *Lessons of Disaster: Policy Change after Chatastrophic Events*, Washington, D.C.: Georgetown University Press.
Elliot, E. Donald, Bruce A. Ackerman, and John C. Milliam. 1985. "Toward a theory of statutory evolution: The federalization of environmental law," *Journal of Law, Economics and Organization* 1(2) Fall: 313-340.
OECD (Organisation for Economic Co-operation and Development) 1977. *Environmental Policies in Japan*, Paris: OECD.
Pierson, Paul. 2004. *Politics in Time: History, Institutions, and Social Analysis*, Princeton: Princeton University Press.（ポール・ピアソン，粕谷裕子監訳・今井真士訳『ポリティクス・イン・タイム──歴史・制度・社会分析──』勁草書房　2010年）

第 1 章

中国における環境災害対応と環境政策の展開

——2005年松花江汚染事故をめぐって——

大　塚　健　司

　　はじめに

　中国において，急速な経済成長のなかで突発的な環境汚染事故が繰り返し発生し，大事故を契機として全国的な環境政策の形成や発展につながってきた事例がいくつか観察される。しかしながら，そうした環境政策の形成と発展の過程がそのまま，実際の環境改善の過程に必ずしも連動していないようにみえる。

　たとえば，1990年代に淮河流域における広範囲な水汚染事故が明るみになって以来，国家重点汚染対策水域として淮河を含む「三河三湖」（淮河，海河，遼河，太湖，巣湖，滇池）が指定され，全国的に水汚染対策が強化されてきたはずであった。しかしながら，淮河や太湖でも2000年代に入っても人々の飲用水確保が困難となるような汚染事故が起きている。また2005年には工場の爆発事故によって松花江にベンゼン類が流出した事件は，国家環境保護総局長の引責辞任にまで発展した（大塚 2008；2010）。さらに大気汚染についても，1990年代末から2008年のオリンピック開催年にかけて北京市で重点的に対策が実施され，環境改善が着実になされてきたはずであるが，同市を含む広範囲にわたってスモッグが頻発しており，市民の生活や健康に影響を及ぼしている。

全国各地で繰り返されている突発的な環境汚染事故は，しばしば社会経済的な影響，被害の規模や広がりから「環境災害」というべき様相を呈している。環境災害は，とるべき環境汚染対策が不徹底であるために環境汚染物質の排出が制御できていなかったり，汚染物質が長期にわたって蓄積したりしていることが背景にあり，それに異常気象や人為的操作のミスなど，その時々の自然的，人為的要因が引き金になって発生する。また環境災害は，汚染物質の蓄積などの環境汚染状況だけではなく，それを許してきた政治的，経済的，社会的な構造の弱点をあぶりだす（ホフマン・オリヴァー＝スミス 2006）。そして，環境災害への対応は，即時的な事故対応を越えて，その原因となっている根本的な環境問題の解決のためのプログラムを立案し，かつ実行していくというプロセスにつながっていくことが期待される。また災害をもたらした問題構造に迫っていくには，関連する資源・環境政策の領域だけではなく，その基盤である政治・経済・社会の諸領域にまたがるプロセスにも焦点をあてなければなるまい。

　本章では，こうした問題に対して環境政策過程からアプローチするにあたって，2005年に発生した松花江汚染事故の事例に着目し，環境災害への対応と，その延長線上に観察される環境政策の展開のプロセスをとりあげる。この事件の引き金は工場爆発事故であるが，そこから下流域の水道水源である河川に有毒物質が漏出したことが約10日間隠されており，事故処理過程で国家環境保護総局長が引責辞任を迫られるという事態に至った。本章ではこの事例をめぐる環境災害対応だけではなく，この災害を契機に展開したとみられる環境政策にも焦点をあてて，災害対応と環境政策の相互作用の内実を明らかにすることを試みる。そしてこのような作業を通して，資源・環境政策過程を複合的なプロセスとしてとらえるための新たな枠組みの構築に向けた議論につなげていきたい。

　以下，第1節ではまず2005年に発生した松花江汚染事故の経緯について，書籍，新聞，雑誌，インターネットなどの公表資料に基づき整理を行う。第2節から第4節では，同事故を経てみられた注目すべき政策展開として，環

境安全リスク管理への対応，突発的環境事件への緊急対応，幹部問責制度をとりあげ，松花江汚染事故との関係性を明らかにしながらその政策の形成から実施に至る一連の展開過程を検討する。最後に本論のまとめと今後の課題の提示を行う。

第1節　2005年松花江汚染事故の経緯

　2005年11月13日，吉林省吉林市に立地する中国石油吉林石化公司分公司の第101工場第一化学工場にて，工場作業員の操作ミスによりニトロベンゼン精製装置が爆発し，それが他の装置にも爆発を誘発して大事故となった[1]。この爆発事故により，8人が死亡，60人が負傷した[2]。事故時には周辺住民など約数万人が避難し，爆発時の衝撃により1000戸余りの住宅の窓ガラスが割れ，周辺地域で断水や停電が発生した。14日明朝には爆発した工場は鎮火され，同日午前には避難していた住民らも帰宅を開始した[3]。爆発事故の顛末を伝えた11月15日付け『人民日報』では，爆発事故について迅速・正確な情報公開が行われ，住民避難や救護などが効率的かつ整然と進められたと報道された（相川2006）。

　しかしながら，事故がそれで収束したわけではなかった。爆発事故に伴い，100トンのベンゼン類が松花江に流出したのである[4]。松花江は，全長2308キロメートル，流域面積55万7180平方キロメートルの中国東北地方を流れる七大河川の一つであり，吉林省，黒龍江省を経てロシアのアムール川に流れる国際河川でもある[5]。事故当日夕方に，環境行政部門が爆発事故の発生した工場敷地周辺と松花江への流水口や吉林市境界地点にて松花江の水質モニタリングを開始したとされている[6]。翌14日午前10時には工場敷地から松花江への流水口のサンプルに強烈な臭いが帯びるようになり，ベンゼン類濃度がすべて国家基準を超過した。松花江の水域でもベンゼン類が検出され，最大100倍以上の基準超過がみられた。20日には汚染を帯びた水体が黒龍江省

と吉林省の境界まで達した。最大約29倍もの基準超過をした長さ約80キロメートルにおよぶ水体が約40時間かけて省界を通過した。その後，吉林省内の水域におけるモニタリングデータが示すベンゼン類の濃度は低下し，23日明朝1時には基準を満たした。

他方で，23日夜には下流に位置する400万人規模の大都市，黒龍江省の省都ハルビン市の上水取水口に，高濃度のベンゼン類に汚染された水体が到達することが予想されていた。政府から松花江の水汚染に関する情報が一切公表されないなか，すでに20日昼には市民の間に地震や水汚染に関する噂が広がり，水や食料の買い占めをしたり，陸路や空路でハルビン市を離れようとしたりする人々でパニック状態に陥り始めた。21日正午にハルビン市政府は，テレビなどを通して市の水道管網の補修のために4日間断水するという政府公告を発布したが，それを真に受けた市民は少なく，かえってパニックをあおることになり，スーパーマーケットや道路の混雑が激しくなった。市政府は公告と同時に，300組のチームを作って，居住区に入り，住民らに松花江の水汚染の実情を知らせて，貯水の準備を行わせた。当日夜になってようやく省および市政府はメディアに真相を伝えることを決定し，翌22日の朝に再び公告を発布し，上流の化学工場の爆発による松花江の水汚染に関する情報を明らかにした。また同日に市政府は再び市民に貯水を進めるための公告を発布した。24日以降，市党・政府は毎日記者会見を開き，断水に関する情報を伝えた。その間，市政府は，ボトルウォーターの不足と価格高騰を解消すべく，メーカーの協力を得てボトルウォーターの流通を確保するとともに，各居住区ごとに通常価格を維持したボトルウォーターの販売所を設置した。また市民の通報なども受け付けて，水市場の混乱に便乗する違法な商行為の取り締まりに力を入れたとされる。24日にハルビン市の取水口付近を通過した汚染された水体は，ニトロベンゼン濃度が最高約33倍の基準超過を記録したが，27日午後には下流に移った（李主編2007，11）。

松花江の水汚染については，国からの情報開示がなされたのも23日になってからであった[7]。後に公表された国家環境保護総局（当時）王玉慶副局長

による12月1日の講話[8]によると，総局の対応は以下のとおりである。まず総局は14日に国務院弁公庁に対し，爆発事故とともに水汚染問題が発生したことを報告した。総局は国務院指導層の指示を仰ぎ，「応急預案」（応急計画）を発動し，対策チームを設置するとともに，専門家を黒龍江省に派遣して地方政府と協力して水質モニタリングを行い，飲用水の安全性の確保と評価を行った。そして23日に総局はメディアに松花江の水汚染状況を公表した。また松花江はロシアのアムール川につながる国際河川であることから，24日に解振華局長は駐中国ロシア大使と会見し，水汚染状況の詳細を報告するとともに，両国間で情報交換を密に行うことで合意した。以降，国務院新聞弁公室は毎日記者会見を開き，国内外に松花江の水汚染状況に関する最新情報を通報した。さらに26日には温家宝総理と華建敏国務委員が黒龍江省に赴き，対応の指示を行ったとされる。12月25日，事故発生から42日経ってようやく国内水域のベンゼン類の濃度はすべて基準を満たし，ロシア国境を通過した。また4月以降の氷解期間のモニタリング結果によっても，松花江およびアムール川において両国の基準値を超えるベンゼン類は検出されなかったという。

　国際問題にも発展しかねなかった松花江汚染事故は二次被害を出すことなく収束したとされるものの，事故対応過程で国家環境保護総局長が引責辞任するという異例の事態となった。2005年12月3日付けの『人民日報海外版』によれば，国家環境保護総局は国家環境保護行政主管部門として事故を十分に重視せず，事故の発生がもたらし得る深刻な結果に対する見通しを誤り，今回の事故がもたらした損失に対する責任があるとして，解局長が辞任を申し出て，12月2日に党中央および国務院が認めたとされている（後述）。そして，新たに局長として周生賢国家林業局長が任命された（李2006, 38）。

第 2 節　環境安全リスク管理への対応

　松花江汚染事故への対応過程で，国家環境保護総局は2005年11月28日に「さらに一歩環境監督管理を強化し，汚染事故の発生を厳格に防止することに関する緊急通知」を発布し，①環境安全事業の重要性を十分に認識すること，②各種環境汚染の盲点の全面的な洗い出しを直ちに行うこと，③突発的汚染事件への迅速かつ責任のある対応を図ること，④汚染事故防止の宣伝活動を強化すること，⑤重大・特大環境汚染事件の報告を即時にしっかり行うこと，の5点を各省級環境行政部門に求めた（国家環境保護総局 2006,1051）。

　そして同年12月8日に，国家環境保護総局は各省級環境保護局（庁）に対して「環境安全大検査の展開に関する緊急通知」を発布し（文書の日付は12月7日），①主要河川本流および支流沿岸にある大中型企業，とくに都市上水の飲用水源上流や都市・農村住民の集中居住区周辺の大中型化学工業企業，②小規模化学工業企業が集中している地域の化学工業企業および化学工業園区，③人民大衆の生産生活に脅威を与えている危険廃棄物堆積場，について重点的に検査を行い，2006年1月30日までに総局に報告表を提出することを求めた（《中国環境年鑑・環境監察分冊》編委会編2007, 29-32）。

　2006年1月9日付の国家環境保護総局「全国安全大検査督査情況通報」によると，この検査において延べ11万2000人の環境法執行検査員が出動し，4万3000社の企業を検査したという。同時に，総局は5つの督査チームを10省・市に派遣し，78社の化学工業企業について詳細な検査を行い，274カ所の環境安全対策の不備を見つけ，改善意見を提示した。たとえば広州のある化学工場では四方を囲んだ壁から500メートルの範囲内に1万2000人，1500メートルの範囲内では10万人が居住していることが明らかになった。また総局の検査によって78社のうち，工場と居住地が近接していたのが21社，松花江汚染事故発生地域のように飲用水源上流に立地していたのが9社あるなど，環境安全リスクの高い実態が明らかにされた（国家環境保護総局編2006, 1032-

1035)。その後，検査活動は継続・拡大され，同年7月11日までの間に，各級環境行政部門は3618社に対して改善措置を，49社に対して移転措置をとることが決定した（大塚2008a; 2008b）。

　しかしながら，その後も環境汚染事故は各地で絶えることはなかった。同年8月には，松花江の支流，牡牛河に，吉林省長白山精細化工有限責任公司の2名の運転手が，タンクローリーに積んでいた10トンの有毒な工業廃液を投棄したことが，流域住民の通報で発覚するという事件があった。幸い，事故対応が迅速であったために，本流への汚染物質の流出を食い止めることができたとされている。また9月には，湖南省独山県の飲用水源であった都柳江にヒ素を含む工場廃液が流入し，流域住民に嘔吐，吐き気，めまい，腫瘍などの被害を引き起こし，また17名のヒ素中毒患者が発生した。原因は上流に立地している硫酸工場から流出した未処理の廃液であった。これらの事故への対応は比較的迅速に行われたものの，上からの監督検査活動が強化されたにもかかわらず，企業による故意の違法な汚染物質排出行為すらなくなっていないことが示されている[9]。

　環境汚染事故や違法行為が頻発している状況をふまえ，2007年7月に国家環境保護総局は，長江・黄河・淮河・海河流域において事前に環境行政部門の環境影響評価を行わず違法に工業開発を行っている地域に対して開発許可制限措置を発動した。これによって当該地域の地方政府および企業の実名を挙げ，水汚染対策を含む環境汚染対策を督促した。その結果，1カ月余りの間に1062の違法企業および開発プロジェクトを整理したとされる。また2008年に改正された水汚染防治法では，この開発許可制限措置の制度化に加えて，水汚染事故に対する「罰款」[10]の上限撤廃，訴訟における被害者の負担軽減のために因果関係の立証責任は汚染排出者が負わなければならないとする挙証責任の転換などの新たな措置が盛り込まれた（片岡 2008：2010）。

　2013年2月には環境保護部が「化学品環境風険防控（環境リスク防止管理）『十二五』規劃」（2011～2015年）を発布した。それによると2008年～2011年の4年間で環境保護部が通報を受けた突発的な環境事件は568件に上り，そ

のうち危険化学物質にかかわる事件は287件と突発的事件の51％を占めているという。単純平均すると，2，3日に1件の突発的な環境事件が，そして毎週1件の危険化学物質にかかわる事件が依然として発生しているという勘定になる。また環境保護部が2010年に実施した全国の石油化学，コークス製造，化学原料・製品，医薬品等の化学関連産業に対する環境リスクおよび化学品検査活動の結果によると，調査対象企業のうち，立地地点から下流5キロメートル以内の水域に水環境保護目標を有する企業が23パーセント，居住区周辺1キロメートル以内に立地する大気環境保護目標を有する企業が51.7％を占め，調査対象企業のうち比較的環境安全リスクが大きいとされる企業は全体の4割以上を占めていたという。

同「規劃」では，こうした環境安全リスクをめぐる深刻な状況を改善するために，全国の化学製品生産とその使用に関する環境リスクの基礎的な情報についての調査を改めて行い，健康・安全を脅かす高リスクの製品，産業，企業に対する登録管理制度などを導入するとともに，管理責任の強化，法執行の徹底，研究開発や政策革新の促進，環境保護投資の増強，宣伝教育の強化などにより環境リスクの予防管理システムの構築を図ることがめざされているところである。

第3節　突発的事件への緊急対応体制の強化

環境安全検査活動においては，危機管理体制の不備も問題となった。先述の全国環境安全大検査における総局の督査チームによる詳細検査では78社のうち20社が「突発環境事件応急預案」(突発的環境事件応急計画)を策定していないことが明らかになるなど，環境汚染事故に対する緊急対応の備えがないことが問題視された。国は，自然災害，事故災害，伝染病等の公共衛生事件，テロなどの社会安全にかかわる事件などに対する政府の危機対応を定めた「国家突発公共事件総体応急預案」を2006年1月8日に発布し，それを受

けて 1 月24日に環境事件対応を対象とした「国家突発環境事件応急預案」を正式に発布した（傅主編2006, 28-38）。また，2007年 8 月30日の第10期全国人民代表大会常務委員会第29回会議にて「突発事件応対法」が採択され，11月 1 日から施行された[11]。

環境汚染事故対応に関する制度化の動きは，1980年代に遡る[12]。1980年代に国連環境計画（UNEP）が作成した「地域レベルの緊急事故に対する意識と準備」に係る計画（APELL）に呼応するかたちで1988年 5 月に国家環境保護局（当時）は「環境緊急事故応急措施研討会（応急措置ワークショップ）」を開催し，そこで，河南省，山西省，湖北省，瀋陽市，ハルビン市をAPELLのパイロットプロジェクトの地点（試点）とすることが決定された。続いて同年 8 月には上記 3 省 2 市に天津市，青島市，太原市が加わって第 2 回ワークショップが開催されて各試点地域の準備状況について情報交換がなされた。そして同年11月にはUNEPの要請に従って，河南省の開封市，新郷市，漯河市にて地域環境汚染事故の応急処理の訓練を行った。その背景としては，国外においてインド・ボパールにおける農薬工場からの有毒ガス漏洩事故やチェルノブイリ原発事故などの大規模な環境汚染事故による被害が発生していることに加えて，国内においても工業汚染事故のリスクが多いこと（とくに化学・石油化学工業の問題が突出），工業廃棄物の処置が不適切であること，有毒化学品の運輸および安全管理に不備があること，海洋船舶の油流出事故や放射線源の流出などの事故が発生していることなど，当時から環境汚染事故が高リスク状態であることが指摘された。また国内にて1985年から1995年までに発生した「国内典型環境汚染事故」として25件の事故経過が掲載された（万主編1996）。

UNEPの作成したAPELLは，公衆の事故に対する理解と認識を高め，各地域において多部門間の調整組織を整備することが必要であるとしている。第 1 回ワークショップでは，「緊急事故を予防することは環境保護部門の基本的な職責であると認識しているが，応急活動は広い範囲にわたって展開することから，組織調整業務は複雑で，かつ十分な経験がないことから，この

業務を全面的に推進することは一定の難度がある」として，一都市あるいは一都市のある区・街道・県などでパイロットプロジェクトを行うことがまず必要であるという認識が示されている。さらに，1995年5月に開かれた国家環境保護弁公会議で審議された「全国突発性環境汚染事故応急監測『九五』計劃」では，「1988年にUNEPが作成したAPELLは・・・一大システムであり，・・・しかしながらわれわれ環境保護部門自身の条件と特徴に照らせば，突発的環境汚染事故の処理・処置については，われわれは応急モニタリングの任務を担当すべきである」として，中央環境行政部門の事故応急対応に関する役割をモニタリング業務に限定している。

1995年当時，中央環境行政関連組織としては，国家環境保護局と，同局を事務局とする中央関係部門の議事・調整組織である国務院環境保護委員会が設けられていたものの，事故の応急対応を指揮監督する権限はなかった。環境汚染事故の処理・処置に関連する職責については，同委員会において「各部門，各地区および国内の流域や地域をまたぐ重大な環境問題について指導および協調解決を行う」とし，また同局において「国務院の委託を受けて国際環境汚染紛争の処理を行い，省をこえる環境汚染紛争についての「協調」（協議・調整）を行い，重大な環境汚染事故と生態系破壊事件に対する調査・処理を行う」（『中国環境年鑑』1994, 88, 219-221）と定められていただけであった（大塚2013）。

その後，1998年に国務院環境保護委員会が廃止され，国家環境保護局が国家環境保護総局に改組された際に，「主要職責」として，「重大環境汚染事故と生態系破壊事件の調査・処理」が明記された（≪瞭望≫周刊編輯部編1998, 197）。2002年には総局の下に国家環境応急・事故調査センターを，またその分署として華東，華南，西北，西南，東北各地域に環境保護督査センターを設置した。国家環境応急・事故調査センターの職責には，環境汚染・破壊事件の監督検査，突発的かつ重大な環境汚染・破壊事件の調査・処理の調整と指導，全国環境汚染・破壊事故の応急対応システムの構築と管理，などが定められた（『中国環境年鑑2004・環境監察分冊』2005, 45-46）。2003年には，「重

症急性呼吸器症候群」(SARS) が中国全土を覆うなか，環境行政も対応を迫られ，設立したばかりのセンターは，環境応急手帳や消毒剤安全使用ガイドなどを配布し，医療廃水や固形廃棄物の監督検査を強化した（『中国環境年鑑2004・環境監察分冊』2005, 76）（大塚2008a）。

　2003年に中国を席巻したSARSの脅威は，突発的な事件に対する国の緊急対応の制度化を促した。国務院は翌年に鄭州にて全国公共突発事件預案工作会議を開催し，国務院弁公庁が国務院関係部門および省級政府に対して応急準備計画枠組ガイドラインを通達して，応急準備計画の作成を求めた[13]。この会議を受けて国家環境保護総局は応急準備計画の作成に着手し，同年3月下旬に「国家環境保護総局突発環境事件応急預案（初稿）」を完成させ，国務院弁公庁および関係部門の意見をふまえて，修正を重ねていた（『中国環境年鑑2006・環境監察分冊』2007, 161）。また国務院は，公衆衛生に関する突発的事件への緊急対応について定めた「突発公共衛生事件応急条例」を同年5月に発布した（韓 2010, 42-43）。さらに2005年1月26日には国務院常務会議にて「国家突発公共事件総体応急預案」が採択された。この時点ですでに105のさまざまな分野に関する個別の預案が作成されていたという（『安全与健康』2005, 5期：19）。

　このようにSARSを契機に突発的事件への緊急対応体制の整備が開始されていたときに2005年11月の松花江汚染事故が発生したのであった。そして「国家環境保護総局は国家環境保護行政主管部門として，事件に対する注意が不十分であり，起こり得る重大な結果に対する備えが不足しており，今回の事件がもたらした損失に責任を負わなければならない。」と国家環境保護総局の責任が追及され，「このため，解振華同志は党中央と国務院に対して国家環境保護総局局長の辞任を申し出，党中央・国務院が認めた。」と総局長が引責辞任をとることとなった（傅主編2006, 38）[14]。この事件を経て2006年1月に「国家突発公共事件総体応急預案」およびその環境事件対応に関する「国家突発環境事件応急預案」が発布された。さらに2007年には「突発事件応対法」が成立した。

以上のように，国による突発的事故に対する危機対応の制度化がSARSを契機に進められていたなかで松花江汚染事故が発生し，しかも中央環境行政部門の対応に不備があったことから，中央環境行政部門の責任がより強く問われたと考えられる。そして松花江汚染事故は，突発的環境事故への危機対応の失敗を象徴する事件として，その制度の普及にあたってその後もしばしば言及されているのである。松花江汚染事故における危機対応としてとくに問題となったのは，国際社会から厳しく批判されたSARSの時と同様，情報の伝達と公開のあり方である。

　当初，工場爆発後の水汚染の事実について，事故を引き起こした当事者である吉林石化公司や事故現場を管轄する吉林市はメディアに対して水汚染の事実を否定していたほか，事故情報の伝達をめぐって吉林市と国家環境保護総局の間で認識の齟齬があったとされる（鄭2006）。先述したように下流のハルビン市もまた水汚染の事実を伏せたために市民のパニックを誘発してしまった。「国家突発環境事件応急預案」においては，突発的事故が発生した際，とくに特別重大事故とされるⅠ級，あるいは重大事故とされるⅡ級の場合には，1時間以内に国務院に報告しなければならないとされている[15]。これは同時期に制定された「国家突発公共事件総体応急預案」において「4時間以内」とされている規定よりも厳しくなっている（傅 2006, 29-48）。他方で，事件の社会への情報提供に対しては，「適時，正確，権威ある情報を公開し，社会世論を正確に導かなければならない」（環境事件応急預案），「適時，正確，客観的，全面的に発布しなければならない。事件発生の『第一時間』[16]に社会に簡単な情報を発布し，続いて初歩的な事実状況，政府の対応措置，公衆の防災措置などを発布し，あわせて事件の処置状況に基づいてその後の発信をしっかりやらなければならない」（公共事件応急預案）とされているだけで，時間について具体的な規定は設けられていない。これは個々の事故対応において柔軟な対応を確保することを可能にするものであるが，情報公開によるパニックを恐れる政府の慎重な姿勢を示したものと考えられる。

　また，2008年2月28日に水汚染防治法が改正された際には，新たに「水汚

染事故処置」に関する条項が独立して設けられた。そこでは突発事件応対法と国家環境事件応急預案をもとにして、政府だけではなく企業事業単位も緊急対応体制を整備するとともに、事故時の企業から環境行政主管部門への通報および環境行政主管部門から人民政府への通報の義務などの初期対応手続きが明記された（孫主編2008）。

第4節　幹部問責制度の強化

　突発的事件への緊急対応の制度化に加えて、指導幹部に対する「問責制」も松花江汚染事故を挟んで制度化が行われた。2003年に大発生したSARSでは情報隠蔽により衛生部長と北京市長をはじめとする千人以上が処分された（『人民日報海外版』2005年12月3日付）。

　環境汚染事故への対応をめぐっても指導幹部らへの処分は行われてきた。たとえば、松花江汚染事故の直前、2004年2月から3月にかけて、四川省を流れる沱江において、資陽、簡陽、内江、資中など沿岸市・県の100万人近い住民の飲み水の供給が一時停止したほか、大量の魚類が死亡するという大規模な汚染事故が発生した[17]。

　事故の汚染源となったのは四川省成都市青白江区に立地する肥料生産を主とする大型総合化学工業企業、四川化工株式有限公司の第二肥料工場であった。同公司は環境保護に関する所定の手続に違反して、アンモニウムに関する技術改造工程の試験運転を行い、汚水処理を行わないまま生産活動を行った結果、排水基準の125倍にまで達する大量の高濃度のアンモニア窒素廃液を沱江支流に垂れ流した。この事件では同公司の法人代表は党職および公司役員の引責辞任を迫られ、同公司総経理を含む幹部5人が環境汚染事故罪および環境監督管理失職罪の疑いで逮捕された。また成都市青江区政府副区長や環境保護局長ら4人が党および政府の紀律に違反したとして処分を受けた。

　しかしながら2005年の松花江汚染事故で解任された解局長は1990年から国

家環境保護局副局長，1993年から国家環境保護総局長を務め，2002年には共産党第16期中央委員会委員に選任されていた。環境汚染事故による党中央幹部の辞任は建国史上初めてのことであり，中央・地方党幹部に衝撃を与えたことは想像に難くない[18]。

　2006年2月20日には，監察部と国家環境保護総局が，「環境保護違法違紀行為処分暫行規定」を周生賢局長名で発布した。これは松花江汚染事故前，2005年10月27日に第20回局務会議で採択され，同事件直後の同年12月31日に監察部が開いた第14回部長弁公会議にて採択されたものである。同「規定」は16条から成り，第1条では本規定の目的として「環境保護業務を強化し，環境保護違法違紀行為を処罰し，環境保護法律法規の実施を貫徹する」ことを掲げ，環境保護法および行政監察法に基づき本規定を定めるとしている。その対象として，国家行政機関の責任者や業務従事者，企業の責任者を挙げ，違法違紀の内容と軽重に応じて，警告，過失記録，降格，免職といった処分を行う旨が書き込まれている（環境保護部環境応急与事故調査中心編2010, 354-357）。

　また2009年に中国共産党中央弁公庁と国務院が「党政指導幹部の問責実行に関する暫定規定」を発布した。2006年の国家環境保護総局と監察部による規定および2009年の中共中央と国家環境保護総局による規定を受けて，環境保護部は突発的環境事件の問責状況について総括を行っている。2009年9月18日に環境保護部が各省級政府に対して通達した「突発環境事件問責情況に関する分析」によると，2004年の沱江における汚染事故ならびに2005年の松花江における汚染事件の発生以来，「国は突発的環境事件に関する問責の強化を行ってきた」として，以下のような処分状況を明らかにしている[19]。

　まず問責が行われた31件の重大・特大突発環境事件のなかで，問責調査の対象となった関係責任者が361件，そのうち行政処分を受けた者が296名，刑事責任を追及された者が65名となっており，大多数が行政処分の対象となっている。また問責を受けた者のうち，その他関連行政部門責任者が最も多く171名であり，つぎに企業責任者が92名，環境行政部門責任者が62名，地方

政府関係責任者が36名という順となっている。さらに行政問責を受けた者のうち，45％が降格，免職などの処分を受けたという。

　また各主体が抱える問題に関して，(1)地方政府に対しては，①故意の違反，②誤った政策決定，③監督管理の甘さ，④緊急対応の不備が，(2)関係行政部門に対しては，①許認可の審査の甘さ，②監督管理の不作為や汚職が，(3)企業に対しては，①環境影響評価審査手続きの不履行，②環境影響評価審査を経ない建設や生産の進行，③悪質な違法汚染物質の排出行為が，(4)環境行政部門に対しては，①環境影響評価や「三同時」の不徹底，②法執行監督の不徹底，③突発的環境事件の通報の不徹底，④有毒有害物質の輸送監督の不徹底，⑤関係部門間連携の不徹底が，それぞれ指摘されている。

　そのうえで，依然として突発的な環境汚染事故・事件が頻発している状況に対して，①地方政府責任主体の責任，②関係行政部門の許認可，監督管理等の責任，③環境行政部門の許認可，監督管理，緊急対応など環境保護に関する法律責任，企業の事故防止処理主体の責任を徹底させることが必要であるという認識を示している。

　以上のように，松花江汚染事故への対応を経て，化学工場等の安全管理と環境汚染事故の緊急対応体制の重要性が認識され，全国的な検査活動の開始，緊急対応の制度化，問責制度の強化などがなされたことが確認できる。しかし，松花江汚染事故はそもそも企業の生産過程で起きた過失による事故であったにもかかわらず，国家環境保護総局長の引責辞任以外は，事故当事者である吉林石化公司，事故現場を管轄する吉林市とその指導監督にあたるべき吉林省の責任追及の過程については不明な点が多く，同公司および地方政府関係者の処分については約1年後の2006年11月25日になってようやく明らかにされたのであった[20]。相川（2006）は，事故の背景として，同公司が1970年代にメチル水銀汚染排出による水俣病を引き起こしていたにもかかわらず，その被害状況の把握，責任追及，経験や教訓の社会的な共有が十分なされてこなかったことや，同公司が地元政府に占める政治経済的地位が大きく事故解明が困難となっている可能性を指摘している。また，事故発生後からハル

ビン市に汚染された水体が移動する間，松花江沿岸の農村地域にはすぐに情報が伝達されず，事実を知らない農漁民は漁や農牧業を行っていたという（姜2005）。二次被害の発生は報告されていないものの，流域住民，とりわけ農漁民へ事故情報が周知されなかったことについては，事故対応過程およびその後の環境政策過程においても問題とされた形跡を確認できない。

おわりに

本章では，2005年に発生した松花江汚染事故の経過をふまえて，事故・災害対応とその後の政策展開を検証してきた。そのなかで，事故・災害対応を経て，上からの監督検査活動という既存の政策フレームを通した環境安全リスク管理の強化，応急計画の策定による事故情報の迅速な伝達についての制度化，問責制という国家行政機関の責任者や業務従事者，企業の責任者に対する責任追及の制度化がなされてきたことが確認できる[21]。しかしながら，それらは一つの事故・災害対応が政策展開を促すという単線的な発展過程とは限らない。確かに環境安全リスク管理の強化は事故の直接的原因の除去をめざしたもの，応急計画は事故処理の失敗を防ぐためのもの，そして問責制は事故防止のための処罰規定であると考えられる。このうち環境安全リスク管理は松花江汚染事故を契機に展開されたものであるが，応急計画の策定と問責制は事件前から準備されていたものであった。

とりわけ応急計画については松花江汚染事故より2年前に発生したSARSへの対応が契機となって国が環境汚染事故を含めた突発的公共事件のあらゆる分野で策定を進めてきたなかで発生した。そのため，松花江汚染事故は環境汚染事故に関する象徴的な突発的事件の「失敗のモデル」となったのである。すなわちSARSを経て，応急計画の策定が進められ，松花江汚染事故を経て，応急計画が完成するとともに，その普及にあたって松花江汚染事故が失敗モデルとなるというように，環境汚染事件への危機対応の制度化過程で

は，環境汚染事件のみならず，その前段階で発生した公衆衛生事件が起点となるなど，複数の事件を経た政策過程の重層化と領域を超えた政策の相互浸透がみられるのである。

また，応急計画は，事故情報の政府への迅速な伝達（通報）の制度化という点で松花江汚染事故の教訓の一部が生かされたものになっているものの，社会への事故情報の提供という点ではあいまいである。SARSにおいても国際社会から情報開示の遅れを批判されたところであるが，情報公開がパニックを引き起こしかねないという考え方がまだ政府のなかに根強いのかもしれない。たたし2007年に太湖で大発生したアオコによって太湖を水源としている無錫市の水道水から異臭が生じ，市民がボトルウォーターを買い占めるなどのパニックに陥るという環境汚染事件が生じたが，市政府は随時メディアを通して状況を市民に知らせ，比較的迅速に事故対応がなされていることから（大塚2010b），松花江事故の教訓が生かされているとみることもできる。この点については他の事故対応との比較を行いながら検証していく必要があるだろう。

他方で，2005年の松花江汚染事故以降，NGOやジャーナリストが水汚染被害の現場に入ることに対して地元政府が敏感になっており，その背景として幹部問責制の強化による政府幹部の萎縮があると関係者からしばしば指摘されるところである。もしそうであるならば，問責制が予期する効果とは逆の方向に作用していることに注意が必要である。このことは中国において環境汚染事故や被害に関する情報の社会的共有の妨げになっていると考えられる。もっともこの点については幹部問責制度そのものの問題というよりも，その制度をとりまく中国の政治社会システムに内在する構造的な問題であると考えられる。これについては別途検証していく必要があろう。

また，松花江汚染事故以降の政策展開によって，依然として環境汚染事故は頻発しているだけでなく，肝心の同事件に関する地方当事者への責任追及が不十分になっている。ある災害をきっかけに発展した政策が，そのきっかけとなった災害の問題の構造に切り込むことができておらず，むしろ問題の

構造を温存しているように見受けられる。なぜそうなってしまうのか。この問いを解く作業と考察については他の事例との比較もふまえながら，さらに深めていく必要があるだろう。

〔注〕
(1) 松花江水汚染事故の経過については，相川 (2006)，大塚 (2006)，李主編 (2007) などを参照。本論では，これら先行研究に加えて関連する新聞記事や雑誌記事を参照した。
(2) 約1年後，2006年11月26日に公表された国務院事故・事件調査チームの結果（『人民日報』2006年11月25日付記事）。
(3) 『新華毎日通訊』2005年11月15日付記事。
(4) 以下，主に傅主編 (2006, 289-293) 参照。原文は国家環境保護総局「新聞通稿84号」2005年11月23日。
(5) 李主編 (2007, 14-15)，『中国水利統計年鑑2011』3-4頁参照。
(6) 吉林省，黒龍江省以外に，国家環境保護総局も現地に専門家を派遣したとされている（傅主編2006, 289-290）。
(7) 同日に「科学的発展観を着実に実行に移し，環境保護を強化することに関する国務院の決定」が発布されたが，水汚染事故の公表のタイミングとの関係は不明である。
(8) 第21期2005年12月7日付「環境保護内部情況通報」に収録。国家環境保護総局 (2006, 707-711) および《中国環境年鑑・環境監察分冊》編委会編 (2007, 8-10) 参照。
(9) これら2つの水汚染事故の経緯については大塚 (2007) を参照。
(10) 「罰款」は中国における行政罰の一つであり（刑事罰の罰金とは区別される），日本語の過料に相当するものと考えられている（片岡1997, 14）。
(11) 国家突発公共事件総体応急預案及び単項預案については，2005年にすでに中央政府の事業計画の中に位置づけられていた（中央政府門戸ウェブサイト (www.gov.cn) 2005年8月12日付記事「国務院関與印発2005年工作要点的通知（国発〔2005〕8号）」参照）。
(12) 国家環境保護総局環境監察局編 (2007 530) によると，1987年に「報告環境汚染与破壊事故的暫行弁法」が定められていたとされるが，詳細内容は不明である。
(13) 重慶市常務副市長，黄奇帆の講和「在編制≪重慶市突発公共事件総体預案工作会議上的講和≫」『公共管理高層論壇』2008年第1期4-7.
(14) 原文は『人民日報』2005年12月3日付記事。

⒂特別重大環境事件（Ⅰ級）は，30人以上の死亡，あるいは100人以上の中毒・重症者があり，避難者5万人以上，直接経済損失1000万元以上などの条件を満たすものであり，重大環境事件（Ⅱ級）は，10人以上30人以下の死亡，50人以上100人以下の中毒・重症患者があり，避難者1万人以上5万人以下などの条件を満たすものとされている（傅 2006, 39）。
⒃初期段階の意と考えられる。
⒄省政府の調査によると，今回の汚染事故による経済損失額は2億1935万元と算定されている。
⒅なおその後，解は2007年に国家発展改革委員会副主任に就き，気候変動枠組条約に関する国際交渉を率いている。
⒆「関於印発環境保護部応急弁『関於突発環境事件問責情況的分析』的通知」（環境保護部環境応急与事故調査中心編2010, 358-363）。
⒇『人民日報』2006年11月25日付記事。なお吉林市の担当者の一人が事故対応を苦にして自殺したとされる（相川2006）。
㉑松花江汚染事故以降に，松花江流域を対象にした水汚染防治5カ年計画が策定されているが，災害対応とは直接関係が見られないとみなし本章では割愛した。同計画では松花江汚染事故の経過が冒頭に書かれているが，他の主な河川・湖沼流域における計画と同様，あくまで流域への汚染負荷総量を抑制することを目的としている。ただし，この計画が事故対応過程で提起されたことについて，新たに国家環境保護総局長に任命された周（2007）が触れており，別途この政策過程については検証が必要であろう。

〔参考文献〕

＜日本語＞

相川泰 2006.「松花江水汚染事故の経過と背景」『環境と公害』36(1)：18-23.
大塚健司 2006.「環境政策の実施状況と今後の課題」大西康雄編『中国 胡錦濤政権の挑戦――第11次5カ年長期計画と持続可能な発展――』アジア経済研究所 137-165.
―――― 2007「中国における水汚染事故の動向」中国環境問題研究会編『中国環境ハンドブック 2007-2008年版』蒼蒼社 133-140.
――――2008a.「中国の地方環境政策に対する監督検査活動――その役割と限界――」寺尾忠能・大塚健司編『アジアにおける分権化と環境政策』アジア経済研究所 79-117.
――――2008b.「中国の水汚染対策――第11次5カ年計画期の動向と課題――」『東亜』(492) 6月 32-43.

──2010a.「深刻化する水汚染問題への対応」堀井伸浩編『中国の持続可能な成長──資源・環境制約の克服は可能か？──』アジア経済研究所 165-195.

──2010b.「太湖流域水環境政策の地方イニシアティブ」大塚健司編『中国の水環境保全とガバナンス──太湖流域における制度構築に向けて──』アジア経済研究所 81-116.

──2011.「越境水汚染対策の地方メカニズム－江蘇省と浙江省の試み」『環境と公害』40(4)：36-43.

──2012.「中国太湖流域の水環境政策をめぐるガバナンス──ローカルレベルへの双方向からのアプローチ──」大塚健司編『中国太湖流域の水環境ガバナンス──対話と協働による再生に向けて──』アジア経済研究所 3-26.

──2013.「国務院環境保護委員会の組織と活動──中国における環境行政の総合調整の発展をめぐって──」寺尾忠能編『環境政策の形成過程──「開発と環境」の視点から──』アジア経済研究所　31-62.

──編2010.『中国の水環境保全とガバナンス──太湖流域における制度構築に向けて──』アジア経済研究所.

──編2012.『中国太湖流域の水環境ガバナンス──対話と協働による再生に向けて──』アジア経済研究所.

片岡直樹 1997.『中国環境汚染防治法の研究』成文堂.

────── 2008.「『中華人民共和国水汚染防治法』の改正過程と法案の変遷」『現代法学』(16) 12月 39-61.

────── 2010.「中国の『水汚染防治法』2008年改正の意義と課題」角田猛之編『中国の人権と市場経済をめぐる諸問題』関西大学出版部 205-239.

水落元之 2010.「太湖流域の水環境保全計画の展開と課題」大塚健司編『中国の水環境保全とガバナンス──太湖流域における制度構築に向けて──』アジア経済研究所 35-79.

ホフマン，スザンナ・M／オリヴァー＝スミス，アンソニー編著　若林桂史訳 2006.『災害の人類学──カタストロフィと文化──』明石書店.

山下祐介 2013.『東北発の震災論──周辺から広域システムを考える──』ちくま書房.

羅歓鎮 2012.「中国の地方政府の行動ロジックと『トラック競争』」『環境と公害』41(4)：15-20.

＜中国語＞

艾学蛟 2010.『突発事件与応急管理』北京　新華出版社.

陳阿江 2010.『次生焦慮－太湖流域水汚染的社会解読』北京　中国社会科学出版社.

傅桃生主編 2006.『環境応急与典型案例』北京　中国環境科学出版社.

国家環境保護総局編 2006.『第六次全国環境保護大会文件匯編』北京　中国環境科

学出版社.
国家環境保護総局編 2006.『環境保護文件選編2005』北京　中国環境科学出版社.
国家環境保護総局環境監察局編 2007.『環境応急響応実用手冊』北京　中国環境科学出版社.
郭玉華・楊琳琳 2009.「跨界水汚染合作治理機制中的障碍部析－以嘉興，蘇州両次跨行政区水汚染事件為例」『環境保護』2009年 3 月 第416期 1-16.
韓麗麗 2010.『我国突発事件及応対与社会政策制定模式研究』北京　社会科学文献出版社.
環境保護部環境応急与事故調査中心編 2010『環境応急管理　法律法規与文件資料巍』.
姜国利 2005.「吉化爆炸凸現応急預案缺失」『検察風雲』第24期 66-67.
李雲生主編 2007.『松遼流域『十一五』水汚染防治規劃研究報告』北京　中国環境科学出版社.
≪瞭望≫周刊編輯部編 1998.『国務院機構改革概覧』新華出版社.
郤建営 2006.「松花江汚染警示録」梁從誠主編『2005年：中国的環境危局与突圏』北京　社会科学文献出版社　44-57.
孫佑海主編 2008.『中華人民共和国水汚染防治法解読』北京　中国法制出版社.
無錫市人民政府新聞弁公室 2008.「無錫市供水危機的処理和太湖治理」「中国無錫」ウェブサイト（http://www.wuxi.gov.cn/　2008年5月28日）.
謝平 2008.『太湖藍藻的歴史発展与水華災害—為何2007年在貢湖水廠出現水汚染事件？30年能使太湖擺脱藍藻威脅嗎？』北京　科学出版社.
楊衛澤 2008.『警鐘与行動』南京　鳳凰出版社.
章軻 2008.「太湖藍藻事件—汚染与発展的思考」自然之友編・楊東平主編『中国環境的危機与転機（2008）』北京　社会科学文献出版社 24-33.
趙来軍 2009.『我国湖泊流域跨行政区水環境協同管理研究－以太湖為例』上海　復旦大学出版社.
中華人民共和国水利部編 2011.『中国水利統計年鑑2011』北京　中国水利水電出版社.
中国行政管理学会課題組 2009.『中国群体性突発事件　成因及対策』北京　国家行政学院出版社.
周生賢 2007『機遇与抉択—松花江事件的深度思考』新華出版社 2007年.
周小平 2008.「防控太湖藍藻暴発的対策措施建議」周英主編『2008中国水利発展報告』北京　中国水利水電出版社 151-157.
万本太主編 1996.『突発性環境汚染事故応急監測与処理処置技術』北京 中国環境科学出版社.
『中国環境年鑑1994』北京：中国環境年鑑社.
『中国環境年鑑2004・環境監察分冊』2005北京　海洋出版社.

『中国環境年鑑2006・環境監察分冊』2007北京　海洋出版社.

第2章

「タイ2011年大洪水」後の水資源管理組織改革
――新たな水資源管理組織と「局支配」――

船 津 鶴 代

はじめに

　本章は,「タイ2011年大洪水」を機に,タイで水資源管理政策を統合的な視野から再構築する組織改革が進みながら,環境を中心にすえた組織が政治家主導の開発政策に従属し,政治的混乱の末,ばらばらな局ごとの計画執行という元の行政制度に回帰する過程を分析している。

　「タイ2011年大洪水」(以下,「大洪水」とも表記)は,毎年いずれかの地方で洪水被害が生じるこの国でも特別な,歴史に残る災害であった。チャオプラヤー川流域の中部から下流域に甚大な被害を生んだ「大洪水」は,2011年7-11月に集中した多雨を主因とし,1942年以来の記録的な総降水量から生じたものである (Sucharit 2012)。全国の死者数は815名にのぼり,中部の7工業団地が浸水したほか,バンコク近県も数週間から2カ月にわたる浸水の被害に遭った。過去に排水不良はあっても,河川の氾濫水自体がバンコク周辺の工業団地にまで及ぶのは,タイでも初めてのことだった。北部・中部の主要経済地域への打撃から,生産部門への被害額はタイ史上最大の1兆2000億バーツにのぼり,2011年の実質GDP成長率を年初の予測より3.4％も押し下げた[1]。

　「大洪水」への理解を深めるため,チャオプラヤー川流域の特性から概観

したい。タイ北部から中部，バンコクを経て河口へと南下するチャオプラヤー川は，中部アユッタヤー市から河口までの勾配が1万分の1よりも緩やかな緩流である（小森 2012; 小森・木口・中村2013）。日本のように急勾配の河川が多い地形と異なり，チャオプラヤー川流域では，河川水が何日もかけて上流から下流へ南下する。このように水が緩やかに南下する条件を生かし，洪水時の水流を人為的に操作する試みがなされてきた。上流からの水の一部は上流のダムに貯め，さらに一部を遊水地に氾濫させて水位を下げる。さらに中部以降の水門・堰の開閉や分水により，水流と水位をコントロールしつつ，土砂・堆積物による狭窄で流下能力の少ない下流にかけて，過剰な水を徐々に流す操作が行われてきたのである（小森・木口・中村 2013, 17-18）。このため，タイでは水資源開発にあたってきた有力な行政組織（灌漑局・タイ発電公社やバンコク都排水汚水局）は水管理の負の側面も同時に担い，1980年代から王室の指南も受けながら，洪水の操作と洪水対策を担当してきた[2]。ところが，「大洪水」では，政治家の介入で生じた操作の遅れに加え，通常を超える水量で破堤が生じて水路からあふれ，これら熟練した行政組織でも操作不能になった水塊が，北部から中部，バンコク都周辺へと押し寄せた。

　「大洪水」直後から，政府が事態をコントロールできず，経済的被害を拡大させた背景として，(1)多数にわたる行政組織間の調整不足で，洪水情報を統合できなかったこと，(2)首相のもとに一元的な予測と指令を出せる体制がなかったこと，が問題として指摘されるようになった。

　この指摘をうけて，インラック政権は，「大洪水」の収束直後から，洪水情報を統合し，首相が一元的に指令できる新たな命令系統を相次いで組織し，その中心的な事務局に後発の環境組織である天然資源環境省の水資源局を大抜擢した。災害後の公共政策形成に関する古典である *After Disaster*（Birkland 1997）が指摘するように，タイでも「大洪水」という歴史的イベントの後には学習過程が生じ，いったんは分節的な「局支配」の制度から，抜本的に資源・環境政策を統合した環境政策統合（松下 2010; 森2013）が一時的にでも進むかにみえた。

しかし，同局が管理する新たな水資源組織は，政治家主導の様相を強め大規模な長期開発計画が登場するにつれて改革を進める組織として信任を失った。最終的にインラック政権の長期治水総合計画は，2013年の水管理組織の発足からわずか3カ月で，その開発計画の決定手法や金額，住民参加の欠如などを批判されて反政府運動のターゲットとなった。2014年5月クーデタ後の軍政により計画はスクラップされた。今後の長期治水総合計画は，2014年に有力各局と専門家による委員会の発案をもとに再編され，2015年中に新たな計画が公表されることになっている。軍政下の治水計画の政策決定は，政治家に近い「局」テクノクラートと知識人が非公開の委員会で政策決定する，1980年代からの「国家委員会方式」（末廣 2000, 35）に戻ったことになる。

　それでは，これまで10年間，何度も改革の課題に上りながら実現しなかった水資源管理組織の統合改革は，いかにして「大洪水」後に急転直下で実現し，その組織が立案した長期治水総合計画は，どのような経緯から短期間でスクラップされるに至ったのか。この経緯は，序章で指摘された開発政策からの制約を受けがちな後発の資源・環境政策や組織の問題点を典型的にしめす事例の一つに位置づけられる。それはさらに，タイの資源・環境政策が1990年代以降も「局支配」のもとで運営され続ける現状の説明にもつながるであろう。まず，先行研究を参照しつつ現状をとらえ，本章の問題点をより詳しく明らかにしたい。

第1節　先行研究と問題設定

　経済発展を続ける東南アジアの資源環境政策（公害問題，土地や森林・パーム椰子や石油など）では，2000年代に入って国家や市場・新たな規制や強制力を通じた資源の「囲い込み」現象が進み，国家や市場主導の制度変更が生じたゆえに，地元住民との対決や資源アクセスの歪みが至るところで生じている（Hall et al. 2011）。これに対してタイの先行研究では，一様に，タイの

資源・環境政策において，貧困者や政治的弱者を含む多様で複雑な利害関心が調整できず，政治的合意形成の難しさから資源・環境関連の政策が遅滞もしくは放置されてきたことが指摘されてきた。かつてアッシャーが，天然資源の管理を途上国政府が進めない背景として指摘した通り，相対的に経済的価値の低下した森林資源や，農民に課金していない水資源の管理について，イシューが政治化しすぎると，タイ政府は大抵は制度の変更を避けて通る途をとってきた（アッシャー2006）。

たとえば，2000年代前半から森林・水資源関連法の改正法案，環境税導入は議会に提案され続けたが，いずれも議会を通過せず，環境・資源の法改正は先延ばしされてきた。こうした資源政策の遅れを政治学的に分析したUnger and Patcharee 2011は，タイ政府や与党が，複合的で紛争が生じやすいイシューの合意形成能力を欠くと指摘し，2000年代前半に，政府が，複雑な局間関係を整理した統合的な水資源法案を，公聴会など手続きを尽くして議会に提出したものの，いよいよ通過する直前になって，知識人と住民の反対運動が勃発し法案成立が覆される政治過程を取り上げた。

また，東南アジアの資源政策における国家の役割不足を析出した（Sato 2013）も，資源・環境行政が複雑に入り組んだタイで，行政の管轄を整理しない「国家の不作為」を取り上げ，結果として資源の枯渇と乱開発が進む現状を指摘する。同様に，マータープット工業団地の公害訴訟を取り上げた（船津 2013a）も，分節化したタイの環境行政制度が，公害問題の解決が遅れる背景にあることを指摘している。この事例では，公害の原因企業の情報公開を公害管理局が求め，政府の特別委員会もこれを命じたにもかかわらず，工業団地を管轄する工業省下の組織が公開を拒否できてしまった事実から，問題の根幹に「局支配」制度があることを指摘した。

ここで，タイの「局支配」とは，省より歴史の古い局が，省の下位組織に位置づけられながら，それぞれの局に法的に認められた法人格・財産権を保持し，独立の政策決定，予算の策定・執行権限をもって，全国に及ぶ局内人事や政策立案の実権を行使してきた制度を概念化したものである（玉田2008，

10-14; Chai-Anan 1988; Riggs 1966)。タイの古い局は，全国にわたる局別の支部組織をもち，局別に配布される予算によって，局の支配する政策領域は安定していた。人事上も，各省主要局の局長職に省の実力者が就いて政策を推進し，省事務次官ポストは局長退任後の上がりポストと目される。また古い局の根拠法の改編も，政治家より省の提案による場合が大多数を占め，いったん既得権を確立した局の自律性は高い。こうした制度のなかで，後発の公共政策は，先発・後発という行政組織の序列から影響をうけやすい。たとえば，古くからある資源開発やインフラ開発担当の局には，大きな権限や安定した業務があるが，環境・防災といった後発の公共政策に対応する新局には，古い局の残余部分しか権限が割り当てられず，有力な局との調整が困難になる。新旧の局間をまたぐ横断的イシューは調整が難しく，官僚組織内部の権限分立から生じる分節化・対抗関係から，環境・防災分野のように科学的知識を総合した長期計画が必要な分野では，新たな取り組みが阻まれやすい（船津 2013a）。

　ところが，2011年「大洪水」後のわずかな期間，水資源管理における「局支配」を改め，関連各局の情報統合や50年以上先の環境・防災の政策課題を見据えて洪水防止策を立案する組織・制度改革の動きが生じた。古くから資源開発やインフラを担当してきた灌漑局や港湾局，道路局の事業も，洪水防止や早期に排水を促す視点に立って相互調整がなされ，新組織の趣旨に歩調を合わせる短期計画が立ちあがった。それにもかかわらず，こうした画期的試みが頓挫した背景には，どのような問題が生じたのだろうか。

　以下では，古い有力な資源行政組織で構成されてきた水資源分野に，後発の環境・防災関連局である水資源局などが加わり，それらが法的根拠を十分に備えないまま発足したことを指摘する。続いて，2011年「大洪水」直後，新たな水資源管理組織が，新参者である水資源局を事務局に据え，政治任用で改革が進んだ過程を叙述する。

第2節 「タイ2011年大洪水」前後の水資源管理組織

1.「タイ2011年大洪水」以前の水資源管理組織

　タイの水資源管理行政は，図2-1に示すとおり，2011年以前に確定した組織で運営されている。水の用途ごとに異なる省に属する部局が管轄し，複数の局で一つの運河・水系を用途別に担当するなど，組織が多岐にわたり複雑である。現行の水資源管理組織は，大きく分けて，(1)古くからの有力な行政組織が多い「開発・生産中心の水資源組織」と，(2)その権限の隙間を縫って，後から発足した「水関連の環境・防災組織」，とに大別される。

(1) 運輸を用途とする水路の管理は，最古参の組織である運輸省港湾局（設立1859年）が管轄してきた。つぎに古参の局で規模が大きいのは，農業協同組合省の灌漑局（1902年に運河局を前身に設立）であり，全国の灌漑・農業用水の開発・分配・調整と水門・堰の整備（バンコク都は一部）を管轄する。また，水力発電とダムの放流は，タイ発電公社（EGAT：Electric Generation Authority of Thailand：設立1969年）が担当し，生活・工業用水の水道事業・管理は，首都水道公団（設立1967年）と地方水道公団（1979年設立）が担ってきた。これに，1990年代末からは地方自治体（設置1930年代〜2000年代）が生活用水と工業用水の管理業務に一部携わるようになった。

(2) 上述の「開発・生産中心の水資源組織」のうえに，環境・防災担当の組織が新たに加わった。これら後発の担当局は，バンコク都と気象局を除けば，ほとんどが1990年代以降に設立されている。上述の水資源組織では生産・開発にかかわる利用者や政策対象者が限定され，局と資源利用者の関係が明らかになりやすいが，後発の環境・防災担当組織では，より広く流域周辺の住民を対象に，参加型の環境政策の手法

を導入している。こうした政策手法の点でも，新参の局は生産・開発にかかわる古参の局と性格が異なっている。

また，チャオプラヤー川河口に位置し，雨期の洪水リスクに毎年直面するバンコク都では，1982年から洪水防止対策と排水・水汚染の問題を一括して，バンコク都排水・汚水局が担当するようになった。

国の機関として，環境政策としての水資源を担当するのは，天然資源環境省におかれた公害管理局と環境質促進保全局（ともに1992年設置。水質汚染を担当），海洋沿岸資源局，水資源局（2002年設置。河川の流域管理や住民参加等を担当），地下水資源局などである。さらに，防災対策一般は，内務省の防災・減災局（2005年）と県知事―郡長―自治体の内務省ラインでこれを管轄する法案が，2000年代に整備された。

防災にかかわる降水予測は，情報技術・通信省の気象局，科学技術省の気象・地理情報技術開発事務所と水資源・農業情報研究所などが管轄してきた。

上記の先発と後発の主要局間を比べると，それぞれの担当業務の違いや管轄エリアの大小から単純に比較できないものの，水路整備等のインフラ部門を擁する古参の灌漑局が突出して大きな人員配置や予算を得ており，後発局

表2-1 水資源管理の主要局：常勤人数と2012年度予算の比較

局　名	設立年	常勤の人員数	2012年度予算額 (100万バーツ)
港湾局	1859	2,314	4,566
灌漑局	1902	27,499	42,919
タイ発電公社	1969	22,460	1,851
首都水道公団	1967	3,962	1,197
バンコク都DDS	1982	―	3,941
公害管理局	1992	58	418
水資源局	2002	2,558	7,864

（出所）設立年はWebと各局書誌による。常勤人数は局Webと電話で筆者調査。予算はBudget BureauのWebより調査。

を代表する水資源局との間には組織の規模に大きな差がある（表2－1）。

こうした「開発・生産中心の水資源組織」に並行して，後発の「水関連の環境・防災組織」が形成されたきっかけは，「1997年タイ王国憲法」であった。それ以前の水資源管理は，1997年まで9省に30を超える担当部局があって（Phiphat 2008)，官が水の生産・分配・管理を独占する体制だった。

官の独占的な水資源管理と分節的な行政制度に変化の一石を投じた「1997年タイ王国憲法」は，自然資源利用にかかわる住民の権利を保障し，住民参加なども促して，官の独占管理から自然資源管理をより統合的に行う方向性に筋道をつけた。同憲法に呼応して，政府は1999年から水資源利用10年計画を準備し，2000年10月に「国家水資源政策」(National Water Resource Policy）を発表した。そこでは全国の河川を，用途別ではなく流域別にわける統合的な水資源管理計画と，中央政府―自治体の連合体に住民参加を促して流域管理を行う新たな政策方針とが明記された。

水資源管理の行政組織も，新旧の個別法を関連づけて整理し，流域をふまえた水資源利用全体のビジョンを再構築することが不可欠と指摘されてきた（Apichat 2009）。そこで，タックシン政権時の2001年～2002年行政改革では，担当部局の一部が統廃合され，水を管轄する中央の部局数は7省17部局と2機関（19部局）に再編された（*Thairat* "Saneo Tang Krasuwang Naam phua Jadnaam hai pen Rabob" October 27, 2011）。また2000年「国家水資源政策」の新政策を担う部署として，2002年に天然資源環境省のもとに水資源局が発足した。同局発足と同時に，全国の河川は25流域と29流域委員会に分けられ，住民代表・民間・識者・NGO代表を含む複数の関係者がそれぞれの流域委員会を構成し，流域管理を進める制度（River Basin Committee制度）が導入された（Apichart 2009）。

しかし，2004年から水資源局の根拠法となるべき「水資源法」の起草プロセスが始まると，水資源管理においてどの局が管理ルールを定め，水資源を分配するおもな担い手となるかをめぐって，新旧の局がしのぎを削る事態となった。2005年，ヨハネスブルグ・サミットで「世界中の国々に統合的な水

図2-1　2011年のタイの水資源管理行政組織

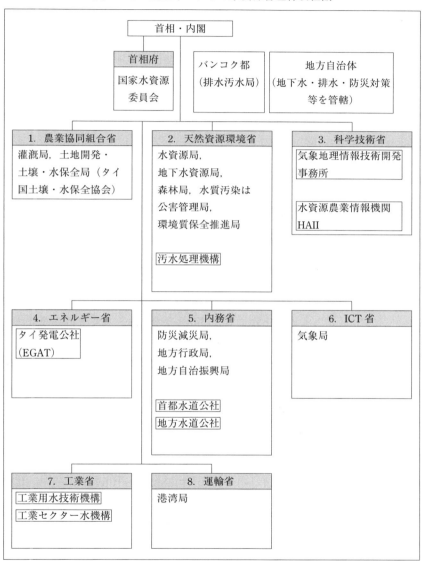

(出所）筆者作成。

資源管理政策（IWRM）の導入を」というアジェンダが「持続可能な開発計画」の一部に採択された。ちょうどタイでも，渇水期にラヨーンの工業団地で深刻な水争いが生じ，水資源問題に世論の関心が集まった機会をとらえて，タックシン政権は，分節化された局間の権限関係を整理する「水資源法」成立を推進した。水資源局が，発足当初から与党タイラックタイ党と緊密な関係を結び，プロートプラソップなど特定の政治家と近しい関係にあったことは，同局のその後の展開に大きな影響を与えた。

　新参の水資源局に与党主導で管理・実施面ともに大きな権限を与えようとする法案には，これまで水資源の分配を担い洪水・干ばつの調整も行ってきた古参の灌漑局・港湾局ほかが反対し，「局支配」の分裂的側面が現れた。灌漑局の属する農業協同組合省の局人事が，タイラックタイ党ではなく他の連立与党（タイ国民党）のもつ人事枠であったことも，法案反対に回りやすい状況を作った。加えて，水資源法に盛り込まれた，灌漑用水利用料を一般の農民に課金する案も議論を呼び，灌漑局・水資源局・専門家・知識人の間で賛否両論が分かれた。そこへチェンマイ周辺の知識人と住民団体とが同法案の反対運動をおこしたことが打撃となり，法案の審議過程は最終段階で紛糾した。とうとう同法案が議会を通過しないまま，タックシン政権は2006年9月の軍クーデタで倒され，その後の法案提出の動きは，流れたまま放置された（Phiphat 2008）。

　結局，水資源局は，根拠法となる水資源法の後ろ盾がないまま，天然資源環境省の省令に水資源法の中身を一部盛り込み，法的に弱い権限のもとで流域管理業務を進めるほかなかった。これに対抗して，灌漑局も，2002年から，灌漑用水の提供・管理のほか，実態として担ってきた水害対策に法的に対応できるよう，自らの省令を追加した。「局支配」の制度では，法案が議会を通らない場合，官僚制内部で完結する方法を用いて，権限を拡張することも可能だった[3]。

　しかし，併存する担当部局をまとめる法制度や組織が不在のまま，分節化した権限を継ぎはぎした水資源行政は，2011年「大洪水」で，限界を露呈す

ることになる．以下では，統合的な洪水対応の制度がないまま迎えた「大洪水」において，どのような問題が生じ，その結果，直後にどのような組織再編が行われたかを概観する．

2．「タイ2011年大洪水」の混乱と統合的水資源管理への試行錯誤

2011年「大洪水」が発生するなかで，当初の水量予測や排水方法の決定に役割を担った関連部局（図2−1）は，(1)灌漑局，(2)ダムの貯水・放流を管理するタイ発電公社（EGAT），(3)流域管理を担う水資源局，(4)内務省防災・減災局，(5)気象予測を行う気象局，(6)バンコク都排水汚水局，(7)輸送用運河を管理する運輸省港湾局，であった．

なかでも，従来の洪水対応で密な連絡関係があったのは，灌漑局とEGAT，バンコク都排水汚水局，港湾局などであった．ところが，2011年「大洪水」の当初，首相中心に洪水対策を取れる法的枠組みが未整備であったため，発足直後のインラック政権は，地方の局地的災害等を想定して内務省主導の防災対策として制定された「仏暦2548年（2005年）防災・減災法」を適用し，洪水対策をとりはじめるほかなかった．しかし，洪水防止の技術に理解のない内務省が指令を出すこの体制では，関係各局の協力は十分得られなかった．2011年7月から9月まで，各局で食い違う洪水予測やばらばらの地点の水量データが，そのまま外に流れ出て市民をパニックに陥れ，社会的混乱を招いた．

2011年8月に選挙民の圧倒的な支持を得て成立したばかりのインラック政権は，発足時点で各局に蓄えられた用途別の水情報を収集・統合して分析する組織間ルールがない問題に直面した．そのため，おもに9月半ばまで「バンコクは水没しない」（9月19日，ヨンユット・ウィチャイデット副首相兼内務大臣）との観測に基づき，政府は，バンコクに大洪水が迫る可能性を否定していた．しかし，実は2011年8〜9月の時点で，灌漑局・気象局の局長歴任者，在野の気象・災害専門家は，中部，バンコクを襲う「大洪水」の事前警

告を政府に発していた。例年を上回る大量の降雨が2011年5〜6月には北部のダムや河川に蓄積されており，ここに熱帯性低気圧が通過するといった条件が揃えば，雨期には中部，バンコクともに浸水する可能性が予告されていた。

　2011年9月後半，内務省中心の洪水対策組織に組み込まれなかった天候・水予測の専門機関（独立行政法人や民間の予測機関）が，メディアを通じて，中部，バンコクに洪水が迫る見通しを相次いで警告し始めた。洪水予測に関する一元的指令系統をもたない政府は，継ぎはぎの権限をもつ政府機関同士が，市民に異なる情報を流す分裂的な事態が発生しても，これを止めることさえ出来なかった。

　政府がようやく予測の甘さを認識したのは，9月末から10月はじめであった。政府はこの時期に通過した熱帯性低気圧・台風の雨量が予想以上に多いことに気づき，遅ればせながら中部，バンコク浸水の可能性を認めて，政府の頭越しに流されるメディア報道に対応し始めた。

　9月30日，科学技術省気象・地理情報技術開発事務所は「衛星写真と例年のデータから予測すると，バンコク13地区の水没は避けられない」と発表した。バンコク都排水汚水局は，「こうした事態は起きない。起きないように都は十全な計画で対処してみせる」とこれに応酬した[4]。

　ようやく10月1日，インラック首相は，テレビ番組を通じて，例年を超える水量の多さから，従来の政府観測と異なる洪水の危機があるかもしれない，と国民の前で認めた。これ以降も，チャオプラヤー川下流域の洪水見通しについて，官民問わず，あらゆる予測がメディアに流れ，政府見解とは異なるさまざまな排水方法や対策が，一般向けに情報発信された。「局支配」の分裂的側面が現れ，政府機関同士が異なる推測から意見を戦わせて政府の洪水情報への信頼は揺らぎ，一般視聴者は，どの洪水予測がもっとも確からしく，誰の指示を信じて行動するべきか，わからなくなった。この事態に至って，錯そうした洪水関連情報をコントロールし，指令系統の一元化を図ることが，洪水に立ち向かうインラック政権の急務となった。

3．政府の救援本部立ち上げと水資源管理の新組織

　インラック政権は，下流域に拡大する大洪水に取り組む一時的組織として，10月7日に「洪水・土砂災害・干ばつ問題解決にむけた管理運営に関する首相府令」（官報2011年10月7日128巻特別編119Ngo）を出し，政府の被災者救援本部（Flood Relief Operation Center: FROC）の委員会と事務局を設置した。FROCでは，「1991年国家行政運営規則法」第11条第8項にのっとり，内務省に代わって首相（または副首相）が委員会代表を務める形式が整えられた。
　FROCでは，水資源に関する専門機関である科学技術省，農業協同組合省，および専門家の三者が副代表をつとめ，従来の灌漑局やEGATのほか，天然資源環境省の水資源局など，水資源管理や気象予測を管轄する後発の諸組織と大学等の専門家も，重要な役割を与えられた。加えて，これを構成する委員に，国家経済社会開発委員会（National Economic and Social Development Board: NESDB）事務次官，陸軍司令官，通信省次官や灌漑局局長，内務省の防災減災局局長も加わり，首相を中心に主要閣僚と官僚トップがそろって，予測から対策まで決断できる体制が整った。さらに，錯そうした情報系統を整理するため，後に，FROC本部長だけが，政府の洪水見通しや避難の警告を出す命令系統も整備された。以後，12月7日にFROCが機能縮小されるまで，政府はFROCのもとに臨時の復旧・被災者対策小委員会を次々と立ち上げ，急場をしのいだ。
　10月に入って中部，バンコク周辺に水塊が迫り，10月から11月頭にかけて「大洪水」の甚大な被害規模が少しずつ明らかになり始めた。政府は10月末まで「バンコク中心部を死守する」と宣言し，実際，都中心部だけは，1980年代から建設されてきた「国王堤（輪中堤）」が浸水をせき止め，南下する水を阻止する土嚢や水門閉鎖によって，見事に防衛された。11月頭，「バンコク中心部（内側）の浸水危機は回避した」，と明言された。代わりに，上流から南下する水をせき止めたバンコク国王堤の外側，とりわけバンコク北

部周辺や近県では浸水の期間が数週間から 2 カ月と長期化し，浸水地域の内と外の住民間に大きな社会対立が生じた（玉田 2013）。

その排水処理にめどをつけると，インラック政権は，海外投資家や外国企業からの信頼回復を図るため，復旧事業と治水計画策定を早期に軌道に乗せる課題に着手した。従来の分節化した局・政府機関の洪水対応を変えるための急ピッチの組織改革が，政府主導でいっきに進んだ。被災した外資のなかで，日系企業が最大の被害をこうむったこともあり，日本の援助計画機関であるJICAが，タイ政府とのチャオプラヤ川流域洪水対策マスタープラン作りに最初に参画した。さらに，外国企業・海外投資家の信頼を取り付けるため，「大洪水」後の治水事業は外国企業のコンペ参加によって行う方針を，政権はこの時点から明言していた。

政府は，2011年11月10日の二つの首相府令によって，重要な方針転換を宣言した。その一つは「国家の未来構築と復興の戦略に関する仏歴2554年首相府令」であり，洪水からの復興を50年から100年後を見据えた未来構築のチャンスに転じる復興戦略委員会（Strategic Committee for Reconstruction and Future Development : SCRF）を設置する，というものである。SCRF 委員長には，プレーム枢密院議長とも近い経済学者ウィーラポン・ラーマンクーンが任命され，長らく洪水対策に関与し，この分野に造詣が深い王室への配慮がなされた。SCRF は，洪水からの復興を含む，タイ全土のインフラ投資や国土計画を長期的に見直し，経済発展に資する大規模な投資計画作りをねらって組織された。2012年 1 月26日，政府は国王の承認した 4 勅令の一つ（仏暦2555年タイ国の将来構築と水資源管理システム構築のため財務省に借入権限を付与する勅令）に，長期の治水総合計画を賄う3500億バーツの財源を盛り込み，2013年 6 月30日を借入期限と定めた。

もう一つの重要な組織改革は，「水資源管理制度の戦略に関する仏歴2554年首相府令」によって専門家を束ねた水資源管理戦略委員会（Strategic Committee for Water Resource Management : SCWRM）である。同委員会（SCWRM）は，降雨や洪水の専門機関と専門家集団を一同に集めた技術的な会合組織で

あり，首相・閣僚の必要に応じてアドバイスする役目が与えられた。SCWRMを構成した当初メンバー22名の内訳をみると，水関連技術者を中心に，王室，「局支配」それぞれへの配慮に富んでいる。顧問トップに国王側近として王室系チャイパッタナー財団を率いるスメート・タンティウェーチャクンを据え，首相・副首相と関係大臣，現役の水資源関連局・土木局をメンバーに加えた。残り半数（11名）は，技術を有する専門家が占め，そのなかに灌漑分野の著名な元教授，灌漑局・気象局の元局長，民間防災団体の長，水予測にかかわる独立行政法人の長が加わった。こうした専門家と「局支配」のバランスへの配慮から，この専門家集団は，既存の水資源関連局ともスムーズな連携関係を取り結んだ。SCWRMは，NESDB・財政担当とともに，迅速に水管理制度の大方針の提言をまとめ，政府はその提言を参照するという段取りが組まれた。

　SCWRMが2011年12月に政府に出した大方針は，以下の8つであった。
(1)上流域における植林と森林保護
(2)大規模ダムにおける年間の水管理計画の策定（ダムの貯水・放流操作規定の改訂）
(3)破損した水利施設の修復と改善
(4)洪水のデータ収集，予知，警報システムの構築
(5)洪水対応システムの構築
(6)遊水地の確保と遊水地の地権者に対する補償
(7)組織・法制度の改革（土地利用，森林，遊水地，水資源管理）
(8)洪水対応時の市民参加や市民の理解促進

　2011年「大洪水」直後から2013年末までに施行された即時・短期治水計画（次節で詳述）は，おもに11月に組織された上記2組織（SCRFとSCWRM）のもとで組まれ，8つの大方針のもとで2012年2月に予算が承認され，異例の速さで計画・予算承認が進んだ。

　次の大規模な組織改革において，インラック政権は，上記2組織とは別に，首相・閣僚の直接的指揮のもとに各局の意思統合を図る組織を新設した。既

存の局や専門家のバランスに配慮した最初の布陣を変え，後発の環境組織で与党と関係の深い水資源局をその事務局に大抜擢した。2012年2月13日の「水資源・洪水管理運営委員会に関する仏暦2555年首相府令」がそれであり，政府は，専門家集団SCWRMとは別に，シングル・コマンド・オーソリティと呼ばれる，首相のもとに水資源管理組織を一元化した指令系統の構築をめざした（図2-2）。シングル・コマンドとは，首相―閣僚のもとに，専門家集団とばらばらだった各局を縦に一元化した指令系統を意味する。「大洪水」時に，水資源関連の担当各局が異なる洪水予測をはじき出し，政府と各大臣がばらばらな行動をとって社会を混乱させた経験から，指令系統の一元化を目指した，と説明されている。

この新組織の事務局代表には，SCWRMの事務局も同時に取り仕切る，スポット・トーウィチャイチャイクーン（天然資源環境省事務次官補）を登用し，水資源局に組織の中心的地位が与えられた。スポットは，与党プアタイ党の主要閣僚スラポン・トーウィチャイクーンのいとこであり，水資源局の設置当時から政権との間に深い信頼関係を築いていた。水資源管理が専門

図2-2　2011年タイ大洪水後の水資源関連の新組織

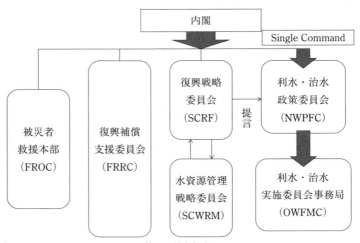

（出所）NESDB, SCWRMホームページ等から筆者作成。

であり，水資源局副局長をつとめた後に，事務次官補に昇進した。

シングル・コマンド・オーソリティの組織概要は，次のとおりである。首相を議長に，大臣・専門家が最高協議機関として決定をくだす利水・治水政策委員会（National Water Policy and Flood Committee：NWPFC）が頂点におかれる。その委員会を取り仕切るのは，天然資源環境省大臣プロートプラソップ（2012年2月当時。同年10月27日に副首相に異動）であり，「大洪水」直後に組織された専門家集団 SCWRM がそのアドバイザーと位置づけられた。利水・治水政策委員会の直下には，天然資源環境省が管轄する同委員会事務局（Office for Water and Flood Management Committee：OWFMC）がおかれ，各省関連局に指令を出し，政策実施を担う。NWPFC は，即時・短期治水計画の後に予定される，長期治水総合計画の策定・コンペ実施の管理・監督を行うものとされ，政治家主導のこの組織を経由して3500億バーツの予算を執行する計画は，後に問題の発端となっていく。

上述のスポットが率いる OWFMC の人員は，スタッフ（79名）の大部分も天然資源環境省からの出向でスタートした（水資源局から43名，次官事務所から24名，地下水資源局3名。その他天然資源省の他局から9名）。他方，有力局である灌漑局は，同組織に出向者3名を送るのみであった。

シングル・コマンドの一部として，もっとも評価された実績は，複数の水資源関連局データを統合したタイ初の洪水予測システムの立ち上げと運用であろう（National Water Operation Center）。日本の大学・研究機関と灌漑局等の協力のもと，水循環情報統合システムという世界最新技術がタイに導入され，各局の水量データを総合した，チャオプラヤー川流域の洪水予測・浸水地域予測の情報が，2013年9月からネット上に公開されている。タイで初めて，各局の発する科学的知識を集約した洪水の予測システムが稼働し，この情報は，2013-14年の洪水予測にも役立った。

閣僚として NWPFC を指揮するプロートプラソップ副首相は，次年度にかけて OWFMC を「水資源省」に昇格させるアジェンダを公表し，議員立法による「水資源省」法案を2013年5月に準備した。しかし，2013年10月末か

らバンコクでは反政府運動が激化し，同法案の審議は進まなかった。

　2011年11月から2012年2月まで，タイの水資源管理政策では，新組織作りを中心に「大洪水」からの復興に向けた世論の後押しをうけて，一足飛びに「局支配」を乗り超える組織間の調整や政治家主導の政策統合への道筋が用意されたかにみえた。

　ところが，これら一連の改革は，関連局を総動員して進めた復興のための即時・短期治水計画までは順調に推移したものの，その後，シングル・コマンドの新組織を中心に，国際コンペによる長期治水総合計画が展開し始めると，新たな政策手法から専門家集団の反対を呼び，反政府運動の批判のやり玉に上がり始めた。以下，主要局中心の即時・短期治水計画と，組織改革後の方法で長期治水総合計画が定められる過程を対比し，問題となった点を明らかにしたい。

第3節　即時・短期治水計画とその実施

　2011年10月11日，政府は「大洪水」の緊迫した情勢のもとで閣議を開き，洪水被害救済のため20億バーツの緊急基金設立と，洪水で破損された全国の水関連施設の復旧事業実施を決めた。政府は，復旧事業の財源として，各省庁に割り当てた年度予算の10％を洪水被害対応として供出する指令を出し，その財源に充てた。その後，2012年1月に，3500億バーツの治水事業にかかわる政府借入金に関して緊急勅令が成立し，その一部も短期治水計画を補うために充てることになった。

　即時治水計画と呼ばれる事業は，洪水被害への対応を行う復興戦略委員会（SCRF）のもと，その直後に見積もられた短期治水計画と合わせて，「即時・短期治水計画」事業として各局に分配された。2013年までに数多くの即時・短期治水計画が実施に移され，その事業数と金額は，即時治水対策が，624事業133億4300万バーツ，短期治水対策は419事業256億3700万バーツに上る

(Sucharit 2013)。

　短期治水計画は，専門家組織 SCWRM の発足後，新たな水管理組織（NWP-FC）の設置以前（2月）に詳細が決定され，通常の省庁の開発計画策定と同じ手続きにのっとって事業内容が定められた。各局の提案をもとに，政府が選定した専門家の小委員会がスクリーニングして原案を作成し，予算局とNESDBの予算承認を経るという段階をふみ予算が成立している。

　短期治水計画は，タイの国際的イメージの早期回復を図るために2012年以降は大きな洪水被害を出さないことを目的に，以下の4点の合意に基づき作成された（Sucharit 2013）。

　第1に，時間と経費節約のため，既存施設を有効活用し，地域特性を反映した計画であること。第2に，超過洪水の貯留容量を増やし，排水能力を向上させること。第3に，バンコク市街地と工業団地など経済的に重要な地区の冠水を優先的に防止すること。第4に，各局が管轄する施設間の連結部分に配慮した補助的対策を施すこと，である。

　ここで，「バンコク市街地と工業団地という守るべき経済エリア」が明確に打ち出されたことは注目に値する。それは，少なくともタイの水資源管理当局の間に，バンコク周辺の守るべきエリアの一致した合意が暗黙に成立したことを示すからである[5]。地方のインフラ整備においては，どのエリアを洪水から守り，どこにインフラを整備するかをめぐる合意形成は，政治的に大変な困難を伴う。こうした合意形成が相対的に容易であったバンコク周辺は，治水事業が短期のうちに執行できる素地が整っていたと考えられる。

　短期治水計画の実施状況とその過程について，筆者はチュラロンコーン大学工学部スッチャリット准教授の協力を得て，2014年1月に小委員会の委員と主要4局からヒアリングを行い，非常事態に後押しされた同計画で，二つの特別な事象が生じたことを理解した。

　第1の特別な事象は，短期治水計画が，計画策定から実施までまれにみる高い確度と効率で執行されたことである。聞き取りによれば，2012年の洪水被害を防ぐという切羽詰まった必要から策定された短期治水計画は，予算交

渉から確定までわずか2週間という速さで決定された。さらに，表2－2に示すとおり，担当した主要各局に2年間で配布された即時・短期治水計画予算の金額は，2014年の各局経常予算の37％（灌漑局）や60倍（工業団地公社）に上り，非常に多額であった。それにもかかわらず，2年以内の事業執行率が高く，予算消化率も道路局を除くと76－85％台を超えて（主要局の2014年1月実績），この計画が8割近く成功したことを裏付けている[6]。

この成功の背景には，計画執行の途中段階で発生したテクニカルな問題に小委員会の専門家が対応して，各局の計画変更や管理手続きがスムーズになされたこと，各省の供出予算を財源とした事業で，使用途のチェックが厳しく，各局に定期報告を義務づけたモニター制度が作用したこと，などを挙げられる。

第2の特別な事象は，「大洪水」が示した分節的な「局支配」の欠点を補うため，4～5局間で洪水対策を円滑に分担する政策調整が試みられたことである。

「大洪水」時の対立では，バンコク近県に滞留した洪水を，バンコク都管轄の排水溝を通じて排水しようとしても，その先の他局が管轄する排水溝が目詰まり・破損し，排水計画の変更を余儀なくされた事例が多くみられた。こうした不備を補うため，短期治水計画では施設間の連結部のコネクション

表2－2　主要な水資源関連局予算の推移と即時・短期事業予算（100万バーツ）

	2010	2011	2012	2013	2014	即時短期予算	予算執行率
灌漑局	24,384	40,115	42,919	35,493	40,095	14,842	86.74％
道路局						8,665	49.01％
工業団地公社	9	2	56	31	48	2,856	85.55％
BMA廃水汚水局	3,583	3,190	3,941	4,422	4,958	1,238	76.33％
水資源局	5,019	6,011	7,864	9,938	9,091		

（出所）Budget Bureau の Website より筆者作成。
　灌漑局　　　　http://office.bangkok.go.th/budd/main/upload/2011/07/18/A20110718125423.pdf
　道路局　　　　http://office.bangkok.go.th/budd/main/upload/2011/06/17/A20110617140411.pdf
　工業団地公社　http://office.bangkok.go.th/budd/main/upload/2011/09/22/A20110922152930.pdf
　BMA汚水排水局　http://office.bangkok.go.th/budd/main/upload/2012/10/02/A20121002154630.pdf
　水資源局　　　http://office.bangkok.go.th/budd/main/upload/2013/10/24/A20131024103358.pdf

を良くするという目的を掲げ，複数の局が管轄する水路の補修や整備事業を，局間協調によって仕上げた（図2－3）。

　また，環境・防災を目的に政策統合的な試みも取り入れられ，道路局が主要道路を洪水時に放水路として使う新たな整備方法を考案し，港湾局も船の航行に必要な深さに加えて，洪水時の排水と土砂を流せる深度まで水路を掘削できる基準を設けるといった調整策を積極的に取り入れた。

　図2－3に示すとおり，たとえば，チャオプラヤー川西岸・東岸のいくつかの運河から河口に向けた補修作業は，4つ以上の行政主体が分担して行った。都内はバンコク都，都境を出たら灌漑局，途中で道路局が加わって，さらにテーサバーン（市自治体）が間をつなぐ形で，局や事業所間が協調し，事業が執行された。「大洪水」に後押しされて，各局が政策協調する機運が高まり，さらに専門家組織や小委員会の専門家，各局がそろって話し合う場の設定が実現した稀な事例，ととらえることができる。

　即時・短期治水事業の期間として定められた2013年までに，SCWRMが定めた8項目のうち，次の項目は，短期治水事業の一部またはその期間内に実施または軌道に乗った計画と評価されている。

(2)大規模ダムにおける年間の水管理計画の策定（ルールカーブの改訂）
(3)破損した水利施設の修復と改善
(4)洪水のデータ収集，予知，警報システムの構築
(6)遊水地の確保（ただし遊水地の地権者に対する補償は，洪水被害ごとに特例法を出して対応する原則が定められた）

　しかし，次節で述べるとおり，長期治水計画にかかわるその他の原則は，先行き不透明なままである。とりわけ，大規模ダムの建設や放水路建設などのインフラ整備まで含めた(5)洪水対応システムの構築と(7)組織・法制度の改革（土地利用，森林，遊水地，水資源管理）には，大きな障壁が残されている。

図2-3 チャオプラヤー川東岸における短期事業の各局間協力の事例

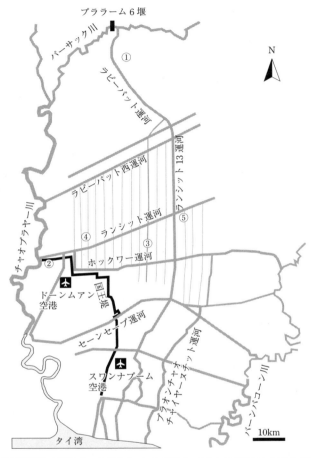

(出所) 地図は星川圭介氏作成。内容はSucharit (2013) をもとに各局にヒアリングを行い修正。
① チャオプラヤー川―パーサック川―ランシット13水路に至る輪中の再建
　 (都庁, テーサバーン, 県自治体, 海洋沿岸資源局)
② ランシット運河接続部とバーンプラーオ運河などの排水門補修とポンプ増設
　 (灌漑局, 都庁)
③ ランシット運河など南北に流れる水路・運河の改修 (灌漑局, 都庁)
④ 国王堤かさ上げと一部拡張 (灌漑局, 道路局, 海洋沿岸資源局)
⑤ 洪水放水路の改良―パーサック側から①の輪中外側を通しプラオンチャオチャイヤーヌチット運河を経てタイ湾に至る水路を改良 (海洋沿岸資源局・道路局・灌漑局・周辺自治体)

第4節　長期治水総合計画と水資源管理組織（NWPFC）への政治的逆風

　前節でみたように，従来の局中心の制度で策定された短期治水計画は，2年で8割以上の事業が効率的に実施され，予算策定から執行に至る手続きも，タイの国内事業のなかで高い透明性を誇るものと評価された。局中心の大規模インフラ事業の歴史は長く，その執行をチェックするモニター制度も1990年代以降，成熟してきたといえる。

　これに対して，長期治水総合計画とその関連プロジェクトは，2012年から政府が骨格を決め，2013年6月の国際コンペ前に新組織NWPFCが事業概要を示したものの，その計画発表直後から，手続きの不透明さや政府の進め方の強引さに反対の声が噴出し，進行が止まった。

　政権発足当初から「大洪水」に直面したインラック政権は，2012年2月に，水資源管理の新組織として，政治家主導のシングル・コマンド・エージェンシー（NWPFC）を立ち上げ，NWPFCを長期治水総合計画実施の中核に据えた。しかし，治水関連の計画を最初に構想したSCRF委員長のウィーラポンは，2011年12月24日のテレビ番組「インラック政権，市民と語る」のなかで，長期の治水計画は基金などの専門機関によって実施することが望ましいと当初の構想を語っている[7]。

　同様に，SCWRM専門家の間にも，長期治水総合計画は政治家主導の組織が入札・実施するのではなく，基金や国営企業など永続的でチェック機能をもつ官僚組織が担当するのが望ましい，との根強い意見があった。しかし，インラック政権は，政治家主導のNWPFCを通じた国際コンペと，同組織のもとでの計画策定・実施という方法に固執した。

　政府は，2012年1月26日の4勅令の一つ（「仏暦2555年タイ国の将来構築と水資源管理システム構築のため財務省に借入権限を付与する勅令」）において，長期の治水総合計画を賄う3500億バーツを政府が借入する計画を立てた。こ

の4勅令のうち，公的債務管理委員会は同年1月9日に，3500億バーツの「借入方法によっては政府負債レベルが現在の40％から45〜47％に増える可能性がある」と疑義を呈した。さらに，勅令発布の直後の2012年1月30日，野党民主党は，4勅令のうち2勅令について憲法裁判所に提訴し，これが憲法違反に当たらないか，同裁判所の見解を求めた。2012年2月23日，憲法裁判所は，この2勅令が憲法違反に当たらないとする見解を出した。しかし，その後も3500億バーツの借入による長期治水総合計画は，政府部門の負債の大きさをめぐって政治問題化し，SCRFのウィーラポン委員長は，2012年9月19日の下院債務解決委員会以降，多くの場で趣旨説明に追われることになった。

　長期治水総合計画については，政府財源や公的借入金問題のほかに，その内容や方法をめぐっても多くの紛争が生じた。

　インラック政権は，2012年央にかけて同計画の，一つひとつの事業を定める準備を進めた。その具体案が明らかになるにつれ，事業内容の決め方や実施後の問題点について，揉め事が発生した。政府は，2012年4月12日の閣議でチャオプラヤー川支流のサケークラーン川に，2012年から8年計画で予算132億8000万バーツを投じるメーウォン・ダム建築を決定した。また2012年6月4日の閣議では，6工業団地に防水壁を設置し，210万ライ（タイの面積単位：1ライ＝1600平方メートル。）の遊水地を確保することを決めた（中流域と分岐点のナコーンサワン一帯）。2012年には，長期治水総合計画にかかわる個別の事業案について，SCWRMや各局は計画原案を提出し，それをNWPFCが検討する段階も踏んだが，このころ，政権と一部専門家の間には，NWPFC中心の計画策定方法をめぐり亀裂が生じていた。

　2012年8月17と18日，「政府の水政策・洪水対策を批判する」と題するセミナーが開かれ，そこにSCWRM専門家の一部とNWPFCのスポット・トーウィチャイチャイクーンらも出席した。セミナーにおいて，カセートサート大学工学部教員のバンチャーは，「（水資源局が本来推進するはずの－筆者注）住民参加や流域の統合的管理といった手法は，政府の長期計画に何ら反映さ

れていない」と，水資源局の力量不足を批判した。

　さらにSCWRMメンバーでもある旧灌漑局長プラモート・マーイクラットは，水資源局ほかの官僚が政治家に牛耳られ，計画自体が政治家の開発手法に乗っ取られたと痛烈に批判し，「計画策定の方針は，各局がもつ科学的情報に基づくべきである。それにもかかわらず，これまでの力量のある局は，すべて政治家にやられてしまった。科学的知識をもつ官僚が口を閉ざし，天然環境資源省大臣のいうことに従いましょう，になっている。」と述べた。

　セミナーでは，計画策定手続きの稚拙さへの批判も相次ぎ，スポットは批判の矢面に立たされた（"Wong sewanaa ad rathabaan kae naamthuam mai thuuk jud nae kolayud jad kaan Jaophrayaa" Matichon紙2012年8月17日，"Rum viphak project nam 3 saenlaan phaen phoefan bon kradaat?" Post today紙2012年8月18日ほか）。

　これらの批判にもかかわらず，2013年2月22日，長期治水総合計画を10のモジュールに分けた具体案にプロートプラソップ副首相　兼天然資源環境大臣がサインした。さらに3月19日，そのモジュールの内容が国際コンペに向けた実施要項（TOR）として具体化された。その直後から，この計画の中身が大臣主導のもので，専門家や各局の当初案から大規模に改編された事実が明るみにでた。

　最大の問題は，出てきたTORの中身がSCWRMや各局の原案と大きく異なり，長期にわたる施行が必要な計画も，わずか5年で終わらせる条件が盛り込まれたことであった。たとえば，多大な費用と住民移転のむずかしさから各局は提案しなかった「大規模放水帯（フラッド・ウェー）事業」が計画に盛り込まれ，逆に洪水時の人・物の避難路として実際に役立った複層高架式の道路建設など，各局が提案した実用性の高い事業が計画から抜け落ちていた。こうした原案からの大きな変更は，政権の任期4年を意識して目玉となるプロジェクトを推進したい政治家の開発志向に水資源局が負けたため，と憶測された。

　こうした問題が指摘されるなか，国際コンペと政府の借入期限（6月末）が近づいた2013年5月，プロートプラソップ副首相と環境NGOの間で，ダ

ム建設の問題等をめぐる深刻な衝突が起きた（5月14-20日のアジア太平洋「水」サミットでの長期計画への抗議デモ）。名前があがった一部のダム計画（メーウォン・ダムやゲンスアテン・ダムなど）は，1980年代から何度も計画が浮上しながら，反対運動によってこれまで予算化されなかった，論争をはらむ開発計画であった。それらをうけて，2013年5月17日，国家汚職防止委員会が政府に対して，現在のTORの決め方や国際コンペの方法は「2003年入札に関する手続き法」を参照せず，TORの内容決定に至る技術的なチェック・システムや汚職防止プロセスを欠くため問題である，と提言した。国家汚職防止委員会はTORに盛り込まれた「5年以内に実施」という条項も，現実的・技術的に5年では施工が間に合わない可能性が高く，計画全体の崩壊につながりかねないと政府に文書で警告した。

　2013年5月1日，地球温暖化反対協会のシースワン・ジャンヤーほか45名が，長期治水総合計画の差止めと環境影響評価（H/EIA）の実施，国際コンペ手続きの一時停止を求め，中央行政裁判所に，首相とSCWRM, NWPFC, OWPFCの4者を提訴した。中央行政裁判所は，2013年6月27日に，環境影響評価のやり直しを首相らに求めたほかは訴訟を却下し，政策の継続を認めると公表した（訴訟赤番号 No.1025/2556）。

　政府はこうした批判や判決を受けた後も，長期治水総合計画のアプローチを大きく変えないまま，国際コンペのスケジュールを後ろにずらして実施しようとした。当初34以上の入札希望者から政府は9月20日までに7つの企業集団に絞ってコンペへの参加資格を認めた。その後，それらの希望者から，コストと建設方法に関する詳細を11月23日までにタイ政府に提出させ，政府としての最終選択結果は，2013年1月31日に公表することになった。

　反対世論が高まったにもかかわらず，鈍い対応で計画を推進する政府に対して，2013年8〜9月には，とうとう，政府にアドバイスする立場の専門家集団や洪水直後から改革に積極的に加わってきたメンバーらが，公然と政治家に牛耳られたNWPFCの対応を非難するようになる。

　SCWRM委員長とプロートプラソップ副首相兼天然資源環境大臣との確執

が報道され，SCWRM委員長をつとめた元灌漑局長キッチャー・ポンパーシーは，9月3日のマティチョン紙インタビューに答え，次のように語った。「タイの治水総合計画を，外国企業のコンペ参加で実施する方針自体から見直すべきである。タイの地理的条件や水流・気象データは，タイ人が一番多くもっている。外国企業が入札しても，結局われわれに相談しタイの企業に入ってもらい，タイ人を雇って事業を行うしかない。タイ企業の方が技術的に劣るということはなく，国際コンペという方法は，かえって高い代償を払うことになる。TORの詳しい内容は，自分自身もNWPFCから見せられていない。しかし，中身の概要をみるとSCWRMが提言したプランをほぼ捨て去っている。高い技術レベルを誇る官僚の知恵も活用されていない。」

こうした政府の対応と，6月27日の中央行政裁判決に不服のシースワンらは，最高行政裁判所に控訴審を求めた。その第1回審理が2013年1月9日に行われ（訴訟黒番号　No.1103/2556），同計画全体の差止めを求めた訴訟は，政府の政策を審議する国会の権限に属し行政裁判所の範囲を超えた問題として取り扱わないことが決められた。そのなかで，最高行政裁判所は，環境影響評価のやり直しを政府に求める意見書を示し，2014年現在も環境影響評価のやり直しが課題になっている。またメーウォン・ダム建設計画に反対する著名な環境活動家　サッシン・チャルームラープらは，「政府の無視にしびれをきらした」として2013年9月10日から13日間をかけて，ダム建設予定地のガムペンペット県からバンコクまで388キロメートルを歩き通す抗議活動を展開し，同計画への反対世論を高めることに成功した。

その後，こうした批判の大号令に，北部の環境運動ネットワークやNGOに近い大学知識人，タックシン時代からの反政府運動団体，3500億バーツなどの公的債務を抱えることになる巨大インフラ事業に反対するバンコク中間層などが合流し，2013年10月末の恩赦法への反対運動を契機に，同11月から2014年5月まで，インラック政権に対する大規模な反政府デモが，Peoples Democratic Reform Council（PDRC）主導で勃発した。一連の反対運動のなかで，この長期治水総合計画は，農民へのばらまき政策とならんでPDRCの

攻撃する主要イシューに選ばれ，与党プアタイ党による汚職や非合理を象徴する政策として喧伝された。

このように，専門家集団SCWRMのアドバイスを得て，関連各局のデータや技術を統合し，新たな統合的政策を担うはずの組織として立ち上げられたNWPFCは，政治家主導の計画策定のプロセスに閉鎖性が生じて大規模インフラの開発志向を批判される長期治水総合計画をつくり上げてしまった。NWPFC事務局を務めた水資源局も，技術的問題・手続きの瑕疵について官民問わず非難を浴び，この計画には専門家集団やNGO等の広い支持が得られなかった。

2014年5月22日，クーデタを決行した軍の統治主体NCPO（National Council for Peace and Order）は，早くも6月8日に3500億バーツの洪水防止投資計画の停止と見直しを宣言した。これをうけて，灌漑局は6月14日に軍に協力し，これらの計画をNESDBの第11次国家経済社会開発計画に沿う形に改編すると約束した。タイ・エンジニア協会の水利工学アドバイザーのスワンタナ・ジッタラダコーン氏は，前政権のモジュールAにある大小20ものダムを5年で建築する計画は，各事業の準備状況が違い，そもそも技術的に不可能であったと批判した（*Nation* "Junta Halts Govt Water Schemes." June 9, 2014）。軍は，多くはSCWRMに名を連ねた専門家から構成される検討委員会を7月に設置し，今後の洪水防止計画を関連各局から提案させたうえ，第1次スクリーニングを2014年10月に行い，2015年中に計画の再編を予定している。各種報道によれば，前政権が洪水対策の目玉とした巨大放水路は計画から除かれ，ダム建設についても実行可能性のあるプロジェクトのみ認可する方針に変更される見込みである。

タイの水資源管理制度の改革を推進するためにつくられた新組織は，当初の意図からかけ離れた政治的帰結を生み，長期治水総合計画は，軍が任命した各局と専門家による委員会によって，元の「局支配」の方式によって再編されることになった。

他方，経常予算規模が大きい灌漑局や道路局，バンコク都排水汚水局は，

今後，長期治水総合計画の予算が配布されない期間も，各局の経常予算から緊急性の高い事業に支出し，今後の洪水防止策を進める計画を立てている[8]。政治家主導の計画が頓挫した後も各局は経常予算のなかで安定した政策実施を担い，軍政もまた，従来の局ごとの政策立案と専門家の判断に頼って，今後の方針を決めていくことになる。

おわりに

　海外からの投資を軸に高い経済成長を実現してきたタイでは，「タイ2011年大洪水」によって人的被害のほかに国内外の製造業部門に未曾有の被害が生じ，政府がこうした事態を防ぐ水資源管理政策の改革を，政権の国際公約に掲げた。「大洪水」が発生した2011年8月に発足したインラック政権は，この国際公約を，(1)政府の一元的コマンドのもとに稼働する新たな水資源管理組織の立ち上げ，(2)短期治水計画の執行，(3)長期治水総合計画，の形で具体化しようとした。

　本章は，「大洪水」直後から進んだタイの水資源管理の改革において，当初は「局支配」による分節的行政の弊害克服をめざし，画期的といえる新たな水資源管理組織が設置される経緯を押さえた。後発の環境行政組織である水資源局を事務局にすえたこの新組織は，各局に分散した洪水データの統合，命令系統の一元化といった成果を残したものの，その権限の弱さから政治家主導の開発計画に流され，最後は新組織自体が実体を失った。

　さらに本章では，この改革が進行する2011-13年に進んだ二つの洪水防止計画について，現状を対比した。古くからの有力局中心に策定・実施された短期治水計画はこの間に局間の調整を実現しながら，安定した政策執行の主体を得て順調に執行された。これに対して，後者の新たな水資源管理組織が策定した長期治水総合計画は，政治家に頼る後発の環境行政組織の弱さから手続きや執行可能性について，専門家や各局の了承を取り付けられず，環境

グループや反政府運動の反対を巻き起こす政治的イシューに転じた。

こうした経緯をふまえ，タイの水資源政策の組織改革について，暫定的な要約を述べたい。

大災害後の公共政策形成に関する古典である *After Disaster*（Birkland 1997）では，災害の後に政策のシフトが生じたケースとそうでないケースを対比し，政策の帰結に違いをもたらす要素には，災害の被害の程度や可視性，政策を唱導するグループ間の連帯，市民のサポートなどがあることを指摘している。

タイの「大洪水」では，その被害の大きさは明白であり，当初は改革を主導したインラック政権に対する専門家の支持，社会的な理解も十分にあるなかで，組織改革が進んだと考えられる。しかし，改革の途中過程で組織編成の原理を変え，特定局を抜擢した政治家主導の政策に改変しようとしたところから，専門家や他の官僚テクノクラートとの連帯関係に大きな亀裂が生じていった。とりわけ，大規模な長期治水総合計画において，専門家や他の官僚テクノクラートの提案を政治家主導の名のもとに遠ざけ，競争入札や住民参加，環境影響評価の手続きを省いた時点で，市民のサポートも得られなくなっていった。

現在のタイの水資源管理政策と組織は，元の安定した「局支配」制度へと回帰し，「大洪水」以前の降り出しにほぼ戻った，といってよい。

数多くの問題を指摘されながらも，タイの現状では有力局を中心とする水資源管理組織が強い力を持ち続けている。それは，政治的不安定が続き，政党政治家への信頼度が低いタイで，中長期の計画や大規模インフラ事業を執行できる安定した信頼できる単位が，行政組織である「局」しか残されていないことによる。実際，短期治水計画の事例が示すように，多くの「局」は1990年代から予算過程の透明化や環境影響評価の実績を積み，外部からの監査やモニターに強い組織に転じており，専門家やNGO等から信頼を得やすい状況にある。

しかし，他方で，権限が分節化した多数の局が環境・防災計画を主導することにより，「大洪水」直後に目指された50年後を見据えた総合的視野に基

づく環境・防災政策の策定は，当分の間は遠のいたと考えられる。

〔注〕─────────
(1) NESDB は，年初の2011年 GDP 成長率を3.5－4.1％と予測した（NESDB 2011）ものの，2012年初に確定した実際の2011年 GDP 成長率は0.1％にとどまった（NESDB 2012）。
(2) タイ王室による水管理への関与は長い歴史をもつ。水利・灌漑事業を歴代の王が行ってきたほか，1859年の港湾局設置，1902年に運河局から再編された灌漑局設置に王室が関わった。現9世王は，特に1980年に起きたバンコクの洪水以降，バンコク周辺の洪水・排水問題について具体的対策を提案してきた。国王堤の建設ほか，治水・利水の大方針に関わる国王の意見が政策的に参照されてきた（DDS 2010）。
(3) このほか，水資源法案が不成立となった後，大洪水後の2012年から灌漑局は「国家灌漑法案」改正を準備し，局が洪水など灌漑以外の事業も法的に担えるよう政府に働きかけた。しかしインラック政権が2013年12月に退陣し，成立間近だった同法案もお流れとなった。
(4) *Thairat*，August 11, 2011.
(5) たとえば，NESDB と灌漑局（RID），水資源局（DWR），JICA らが共同制作したタイ洪水防止マスタープランも，バンコクの"Protected area"を明確に図示している（NESDB, RID, DWR and JICA 2013）。
(6) 短期治水事業の遂行率は，たとえば，（船津 2013）が調査したラヨーン県の大気汚染公害訴訟後の「公害防止投資計画」と比べても，タイでは高い値と考えられる。ラヨーン県の公害防止投資計画の事例では，事案発生から2年後に政府から配布された予算はわずか30％であり，そこから実際に執行された事業はさらに少なく，実施された事業も多くが1－2年以上のずれを生じていた。
(7) 「長期治水総合計画は，放水路建設等いくつものインフラ計画が予定され，10－20年を費やす覚悟でこれを実施する持続的基金の設置が必要である。12月27日の閣議でこれを検討したい」と述べた。Thaan sethakid "Wiraphong phoei tang wong ngoen3.5saen laan baat　longthun kae namthuam lae phoenfuu anakhot prathet thai" December 24, 2011.
(8) 2014年1月5～8日に筆者が行った灌漑局，バンコク都排水汚水局，および道路局へのヒアリングに基づく。その中身は，各局予算書に盛り込まれた計画から具体的に確かめられる。

〔参考文献〕

<日本語文献>

アッシャー，ウィリアム 2006．佐藤仁訳『発展途上国の資源政治学——政府はなぜ資源を無駄にするのか——』東京大学出版会．（Ascher, Williams. 1999. *Why Governments Waste Natural Resources: Policy Failures in Developing Countries*. Baltimore: Johns Hopkins University Press.）

小森大輔 2012．「2011年タイ国チャオプラヤー川大洪水はなぜ起こったか」『所報』（盤谷日本人商工会議所）(604) 8月：1-8.

小森大輔・木口雅司・中村晋一郎 2013．「タイ2011年大洪水の実態」玉田芳史・星川圭介・船津鶴代編『タイ2011年大洪水——その記録と教訓——』日本貿易振興機構アジア経済研究所 13-42.

末廣昭 2000．「タイ研究の新潮流と経済政策論」末廣昭・東茂樹編『タイの経済政策——制度・組織・アクター——』アジア経済研究所 3-57.

スッチャリット・クーンタナクンラウォン 2013．「タイ2011年大洪水後の短期治水計画」玉田芳史・星川圭介・船津鶴代編『タイ2011年大洪水——その記録と教訓——』日本貿易振興機構アジア経済研究所 181-201.

玉田芳史 2008．「政治・行政——変革の時代を鳥瞰する——」玉田芳史・船津鶴代編『タイ政治行政の変革——1991-2006年——』日本貿易振興機構アジア経済研究所 3-31.

———2013．「洪水をめぐる対立と政治」玉田芳史・星川圭介・船津鶴代編（2013）『タイ2011年大洪水——その記録と教訓——』日本貿易振興機構アジア経済研究所 123-160.

寺尾忠能編 2013．『環境政策の形成過程——「開発と環境」の視点から——』日本貿易振興機構アジア経済研究所．

ピアソン，ポール 2010 粕谷祐子監訳・今井真士訳『ポリティクス・イン・タイム——歴史・制度・社会分析——』勁草書房（Pierson, Paul. *Politics in Time: History, Institutions, and Social Analysis*. Princeton: Princeton University Press, 2004）

船津鶴代 2002．「環境政策——環境の政治と住民参加——」末廣昭・東茂樹編『タイの経済政策——制度・組織・アクター——』日本貿易振興機構アジア経済研究所 307-341.

———2013a．「2000年代タイの産業公害と環境行政——マーターブット公害訴訟の分析——」寺尾忠能編『環境政策の形成過程——「開発と環境」の視点から——』日本貿易振興機構アジア経済研究所 63-98.

―――2013b.「タイ2011年大洪水と水資源管理組織――統合的指令系統の構築をめざして――」玉田芳史・星川圭介・船津鶴代編『タイ2011年大洪水――その記録と教訓――』日本貿易振興機構アジア経済研究所 161-180.
松下和夫 2010.「持続可能性のための環境政策統合とその今日的政策含意」『環境経済・政策研究』3(1) 1月：21‐30.
森晶寿編 2013.『環境政策統合――日欧政策決定過程の改革と交通部門の実践――』ミネルヴァ書房.

＜外国語文献＞
Apichart Anukularmphai. 2009. *Implementing Integrated Water Resources Management (IWRM): Based on Thailand's Experience*, Bangkok: International Union for Conservation of Nature.
Birkland, Thomas A. 1997. *After Disaster: Agenda Setting, Public Policy and Focusing Events*, Washington, D.C.: Georgetown University Press.
Chai-Anan Samudvanidja. 1988. Kaan prapprung Krasuang Thabuan Krom（タイ語：省庁局の再編）) Bangkok: Master Place Publishing.
Department of Drainage and Sewage, Bangkok Metropolitan Administration (DDS) 2010. *Krungthep yu khu sainam*, Bangkok: DDS.
Hall, Derek, Philip Hirsch and Tania Murray Li. 2011. *Powers of Exclusion: Land Dilemmas in Southeast Asia*. Singapore: National University of Singapore Press.
Ladawan Kumpa. 2012. "Action Plans of Water Management and Infrastructure Development," Policy Materials distributed in Thailand and Sweden Seminar on "Reconstruction and Future Development (Feb. 23, 2012)," at Sukhothai Hotel, Bangkok: NESDB
Lok Si Khiao. 2007. "Jadkaan nam-Anaakhod an klai?" In *Lok si khiao –Waa duai ruang Nam- Pii thii 6 Chabap thi 4*, Kanyayon-Tulakhom 2007.
NESDB (National Economic and Social Development Board) 2011. *Economic Outlook: The Economic Performance in Q1 and Outlook for 2011*, Bangkok: NESDB.
―――2012. *Gross Domestic Product: Q1/2012*, Bangkok: NESDB.
NESDB, Royal Irrigation Department (RID), Department of Water Resources (DWR) and JICA 2013. "Raaingaan Sarub Samrap Phuborihaan phaen kaan borihaan jad kaan nam thuam samrap lum nam Jaophrayaa rachaanaachak Thai" Bangkok:. NESDB.
Phiphat Kanjanaphruk (DWR) 2008. Khwaam pen maa lae saara samkhan Raang Phraraachabanyat Saphayakon Nam Pho. So.…. Krom Sapayakon Nam.,DWR.
RID (Royal Irrigation Department) 2012. *Phaen Borihaan Jadkaan Nam lae Pho pluuk Phoed Ruduu Fon nai Khaed Chonprathaan Pho.So.2555.*, Bangkok: RID.

Riggs, Fred Warren. 1966. *Thailand: The Modernization of a Bureaucratic Polity*, Honolulu: East-West Center Press.
Sato, Jin. 2013. "State Inaction in Resource Governance: Natural Resource Control and Bureaucratic Oversight in Thailand," In *Governance of Natural Resources: Uncovering the Social Purpose of Materials in Nature,* edited by Jin Sato. Tokyo: United Nations University Press.
Sucharit Koontanakulvong. 2012. "Short and Long Term Flood Prevention and Mitigation Plan after Floods 2011," Presentation at Technical Committee, JIID, Tokyo, Februrary 7, 2012.
Unger, Daniel H. and Patcharee Siroros. 2011. "Trying to Make Dicisions Stick: Natural Resource Policy Making in Thailand," *Journal of Contemporary Asia,* 41(2) May: 206-228.

第3章

カンボジア・トンレサップ湖における漁業と政治

――2012年漁区システム完全撤廃の社会科学的評価――

佐藤　仁

　　はじめに

　カンボジアのトンレサップ湖は東南アジア最大の淡水湖であり，そこで水上生活を営む人々の数は100万人以上ともいわれる。トンレサップ湖は東南アジア有数の漁業資源の宝庫であり，生物多様性を抱え込んだ地域としても，あるいはそこに日常的に依存する漁民の生活にとっても欠かせない湖となっている。ある推計によればカンボジアの人々の摂取する動物タンパクの81.5％は水産物に由来しており，そのうちでトンレサップ湖を中心とする内水面漁業の占める割合は85％に上る（Enomoto et al. 2011）。そうした重要性をもつトンレサップ湖をめぐって2012年３月12日に重要な政策が発表された。19世紀の半ばにノロドム国王が財源確保のためにその原型をつくり，後にカンボジアを保護領化したフランスによって確立された区画漁業制度（以下「漁区（ロット）システム」と略称）の完全撤廃が打ち出されたのである。これまでにも2000年に漁区面積の削減政策が実施されたことはあったものの，完全撤廃が勧告されたのはこれがはじめてである。

　本章の目的は，この漁区システムの廃止がもたらしうる影響を社会科学的な観点から検討することである。とくに，資源をめぐる国家と社会，そして，その関係に影響を与えてきた資源関連部局の相互関係を検討する。これから

みていくように，東南アジアの資源管理をめぐる既往研究の多くは，政府が諸資源を環境保全や民営化による経済開発の推進といった美名の下に独占的に囲い込み，それが地域住民との対立を深めるに至った背景を説明してきた[1]。そうしたなかで，多くの零細漁民がもろ手をあげて歓迎した稀有な事例が，トンレサップ湖の漁区システム完全撤廃政策である。国家による資源の囲い込みが一般的であるなか，この事例は単にカンボジア漁業資源の研究を超えて，東南アジアの資源管理研究に新しい光を与えるものである。

経済発展と並行して経済的，政治的，あるいは環境の面で重要な資源が政府に囲い込まれる傾向が広くみられるなかで，なぜトンレサップ湖ではそれに逆行するような政策が打ち出されたのか。また，この政策が現場に与えた影響はいかなるものだったのか。本章の基礎となる調査は漁区の完全撤廃が施行されてから，さほど時間の経過していない時期に実施したために，本章は漁区撤廃の包括的な評価にはなっていない。しかし，この政策の背景にありうる動機や現場における初期のインパクトを指摘しておくことは今後の漁業政策研究，とくに源政策研究に重要であると考え，あえて試論的に提示するものである。

本章で詳しくみるカンボジアの漁業資源政策は，生態系の保全を眼目とした環境政策としても，あるいは資源の再分配を眼目とした開発政策としても正当化しうるという二面性をもっている。これは，序章で指摘された「環境政策が開発政策に従属していく」という後発発展途上国に特有の傾向を顕著に示す証左としてみることもできよう。後発性をめぐる議論に対する本章の示唆は，意図と結果のズレにあり，環境政策として打ち出されたものが開発論の観点から重要な影響を及ぼしたり，あるいは逆に開発政策が環境に深刻な影響を与えたりする，という点である。この両者をとらえるために本書が導入する「先発，後発」といった時間概念は，先進国と途上国の差を示すものとしてだけでなく，途上国の内部における開発と環境保護の絡み合いを読み解く上でも重要になることを本章で示したい。

調査の方法は，排他的な漁区システムの完全撤廃実施されて以降の時期に

おけるトンレサップ湖周辺漁民への聞き取りと「漁区オーナー(ロット)」と呼ばれる（かつての）漁区所有者への聞き取りを中心とし，そこに公文書館でのデータやフンセン首相の施政方針演説などを含む文献資料を総合した。現地調査は，トンレサップ湖に隣接するコンポンチャン州ボリボ区チャノックトゥルー集落群，コンポントム州カンポンスヴェイ郡パットサンデイ集落群で2012年2月21日から28日の期間に実施し，2012年9月4日から8日にかけてはシェムリアップ州プラサックバコン郡カンポンプルック集落群で追加調査を実施した。筆者の知るかぎり，カンボジア人研究者による研究も含めて元漁区オーナーへの直接インタビューに基づく論文はいまだ執筆されていない。ただし，問題の政治性ゆえに元漁区オーナーの具体的な素性は明らかにしないことをお断りする。

第1節　東南アジアの自然と政治──近年の研究動向──

　1990年代以降の東南アジアの天然資源に関する社会科学的研究は，資源管理の在り方に大きく影響を与えてきた二つの潮流をめぐって形成されてきたといってよい。一つは，新自由主義的な天然資源へのアプローチであり，ここには資源の一部を商品化することによって地元民の保全意欲を高めるといった「市場メカニズム」の活用を明示的に組み込んだアプローチを含む(Castree 2008a; Castree 2008b)。東南アジアの文脈における代表的な研究としては，Nevins and Peluso eds. (2008) がある。これは，いわゆる新自由主義的な政策が東南アジアの農村経済に与えている影響を多角的に検討した論集である。とくに天然資源を商品化することの社会的影響が考察対象になっている。

　二つ目の潮流は，一つ目と無関係ではないものの，より国家の意図を前面に押し出したアプローチであり，いわゆる国家による土地の「囲い込み」をめぐる議論である（White et al. 2012）。たとえば Hall et al. (2011) は，国家政

策によって住民が資源アクセスから排除されていく様子をカンボジアやタイ，インドネシアの事例などから解き明かした。とりわけ保護区をめぐる住民と政府の関係や，経済特区の名のもとに押し付けられる囲い込みと住民の排除の問題は集中的に研究対象になってきた。

囲い込みの系譜から提示された概念として著名なのが「領域化（territorialization）」である。これは Vandergeest and Peluso（1995）によって定式化された考え方で，「人々を特定の地理的領域内に包含したり，そこから排除」することで，「その領域内における人々の行いや天然資源へのアクセスを制御する」動きをとらえようとした概念である（Vandergeest and Peluso 1995, 388）。これは，国家が国土の特定空間をいわば内的に植民地化していく過程であるといってもよい。この概念はおもに森林を対象に援用されてきたが，森林に限らず沿岸地域や湖沼，放牧地，各種経済特区を含めた国土空間全体に応用できる[2]。領域化は，近年の環境保護運動の高まりとも重なる部分があるゆえに，囲い込みの背景にある行政の真意を切り出すことは容易ではないが，いずれにせよ国家権力が資源の支配を通じて各地に浸透しているという事実については異論がない。

いうまでもなく資源をめぐる国家介入に対する社会の反応はまちまちであり，その反応をふまえた国家の統治戦略も一定のバリエーションがある。たとえば，日本で明治期における森林の官民区分の過程で，各地で入会権をめぐる闘争が広がり，結果として行政は森林組合を創設したり，各種の補償的な事業を行って，国有林野の利用においても地域住民と交渉を保つ道へと進んだ。これに比べてタイではトップダウンの森林経営が行われ，共有林という発想が生じてくるのは，ようやく1980年代に入ってからである（佐藤2013）。天然資源は，それへの依存度が大きい地域ほど，国家政策の影響を大きく受けるが，資源をめぐる国家・社会関係の比較研究はまだ途についたばかりである（佐藤2014）。

つぎにカンボジアを扱った先行研究をみてみよう。カンボジアは東南アジアでも有数の天然資源国であり，森林，土地，魚といった自然は，本格的な

開発が始まったのが1990年代ということもあり，比較的豊かであることが知られている。しかし，近年は土地と森林を中心に急速な開発が進みつつあり，とりわけ森林は軍や多国籍企業の利害が錯綜した資源乱用の主戦場になっている（Le Billion 2000; Global Witness 2007; Cock 2013）。また土地についても利権の対象として，世界銀行などの国際機関も巻き込みながら腐敗の温床になっていることが知られて久しい（Un and Sokbunthoeun 2009; Cock 2013）。

ところが，漁業資源となると社会科学的研究は著しく限られている。たとえば，数少ない社会科学的研究を実施したソケム（Sokhem）とスンダラ（Sundara）は，カンボジアの漁業セクターに欠けているのは実施レベルにおけるエンフォースメントの欠如であると指摘する（Sokhem and Sundanda 2006）。その場しのぎの政策が全体を包括するビジョンに裏付けられていないことも批判の対象になっている。類似の研究をおこなったデガンやラトナーは，零細漁民の視点から，トンレサップ湖における漁獲高の低下が湖の資源ストックの減少と密接に関係していることを指摘し，希少化した資源をめぐる競争が資源の枯渇をさらに早めるのではないかと危惧する（Degen et al. 2000; Ratner, Halpern and Kosal 2011）。こうした生態学的な危機に対処する方法の一つとして推進されたのがコミュニティー漁業であった（Ratner 2006）。これは各地域に日本でいう漁業組合のような組織をつくり，漁に関するルールを決めさせて一定地域の漁業権を認めるという政策である。その効果については懐疑的な見解も多いが，政府は地方分権や民主化のスローガンに沿うような形でトンレサップ湖に対してさまざまな介入を行ってきた[3]。

トンレサップ湖に関する社会科学的研究として充実しているのはトンレサップ湖の保全を目的としたNGOであるFACT（Fishery Action Coalition Team）に長く務めたカンボジア人，モ・シティリス（Mak Sithirith）による博士論文『トンレサップ湖の政治地理学－権力・空間・資源（Political Geography of Tonle Sap: Power, Space, and Resources）』である（Mak 2011）。モは政治地理学の視角からトンレサップの「領域化」に着目し，その重層性が呼び込む多様な政治を明らかにした。ただし，この研究は漁区システム撤廃以前の段階で考察

を終えているために2012年以降の変化を押さえられていない。また漁区オーナーへの聞き取りもなされていないという問題点をもつ。

　ここでトンレサップ湖の地理的な特徴を整理しておこう。上述のモによれば，トンレサップ湖には少なくとも3つの所有権の類型があり，漁区領域，公共漁業領域，そして保護領域が浸水域の面積の変化に合わせて可変的に規定されるのがこの湖の特徴であるという。所有権の諸類型のなかでも2012年に完全撤廃されるまでの間，最も強い排他性をもって管理されてきたのが漁区領域であった[4]。

　図3－1はトンレサップ湖の外観である。ここから読み取れるように，トンレサップ湖の面積は乾季と雨季とで大幅に異なり，そのことが複雑な資源利用形態を生み出している。雨季に入ってしばらくした6月末から7月上旬にかけてトンレサップ川の流れは湖の方に逆流し，10月中旬ごろまで続くことで，湖の面積は乾季のそれに比べて5倍以上に膨れ上がる。それに合わせて平均水位も乾季の1～2メートルから氾濫期の8～10メートルと上昇する

図3－1　トンレサップ湖の水没範囲

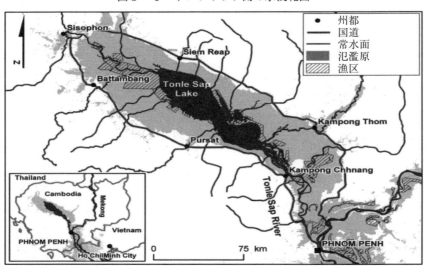

（出所）Mak（2011）．

（笠井 2003, 43）。生態学的な観点からトンレサップ湖に特徴的なのが浸水林とよばれる，氾濫湿地帯の植生であり，これが近年，急速な開発の対象になって劣化が危惧されてきた。現在はアジア開発銀行（ADB）や国連食糧農業機関（FAO），メコン委員会（MRC）などさまざまな国際機関がはいって，この地域の環境保全に取り組んでいる。

第 2 節　区画漁業システムの発祥と領域化の展開

　商業化にともなうトンレサップ湖の領域化は19世紀にさかのぼる。フランスによって保護領化される19世紀半ば前後の段階で，水産物がすべての貿易に占める割合は不動の首位を占め続けていた（菊池 1981）。塩魚，干魚がその8割を占めたとされ，そのほとんどはトンレサップ湖で漁獲される鯰科の魚であった（菊池1981, 501）。19世紀後半に保護領政庁の要職にあったルクレール（Lecrèle）の文献にあたった菊池は，アンズオン国王（在位：1845年〜1859年）の治世下では慣習的に無償で提供されていた漁場の利用権が，1859年に即位したノロドム国王によって占有権の賃貸制が導入されたと指摘する。理由は，プノンペンの王宮の造営費確保であった。ただし，トンレサップ湖沿岸の漁場については，何人も自由に漁獲することを認めていた。ノロドム王は，交易権のやり取りで富を築き，とくに華人商人が中心的な取引相手であった（Cook 2011）。菊池（1981）は賃貸制度の導入が中国商人の進言によるものである点にも注目している。

　これまで欧米の研究者は出典を明記することなく，仏領インドシナ時代の1908年にフランスは漁区システムを創設し，漁区の割り当て政策を開始したとの理解を無批判に流布してきたが，パリの公文書館における入念な文献調査を行った菊池の研究をふまえれば，トンレサップ以外の中小河川や湖沼で実施された漁業権の賃貸制度が徐々に拡張し，フランスによってトンレサップ湖にも持ち込まれるようになったと考えるのが自然であろう。

フランスが1908年前後にトンレサップ湖における漁区システムを制度化したのは，そこからの税を効果的に徴収するためであった。生産量に応じて課税するのではなく，漁業権そのものに課税したほうが漁獲量の多寡にかかわらず安定した税収を見込めるからである。さらには，土着の徴税請負人に収税を任せるという旧来のシステムを改め，彼らの中間搾取を抑制するためにも新しい制度を導入しようとしたのである。これによって，競売を通じて漁区の所有者になった少数の者たちが直接納税するという体制の基礎が築かれた。この当時，漁業から得られる歳入（ここには輸出税からの歳入も含む）は，たとえば1900年から1920年の期間は国家予算のほぼ10％前後で推移していた（National Archive File code 24105-24086）。

　仏領インドシナ時代にその骨格が形成されたトンレサップ湖の資源管理システムは，漁場の場所や規模だけでなく，使用できる漁具の種類によっても分類が異なり，それに応じて課税額も異なっていた。漁区は，大規模，中規模，小規模の三種類に分けられ，大規模なものは割り当てられた漁区で大型の定置網や簗（やな）などを使用する漁業であり，各漁区の割り当ては2年に一度の競争入札で決められる仕組みになっている（榎本・石川2008）。中規模漁業はライセンス制で，漁民はあらかじめ使用する漁具の種類と数を申請しなくてはならないが，漁区の割り当てはなく，公の漁場で操業する。いずれも商業的な漁業であり，6月から9月末までの禁漁期間が設けられている。これに対して小規模漁業は，家族単位の自給自足的なもので，禁漁期間などの制限はない。ただし，使用する漁具の種類には制限がかけられている。

　漁区システムが導入されてから1年後の1910年頃には，漁業セクターの政府予算の歳入に占める割合は9分の1まで上昇した。しかし，不法漁業は蔓延し，資源の保全という観点ではほとんど実効的な政策がとられることはなかった（Cooke 2011）。フランスは1930年代になって漁業資源の保護を念頭においた政策の実施に踏み切り，さまざまな法律や規制を実施した。

　カンボジアは1953年の独立後も，同じ漁区システムを維持した。1956年には，漁業資源の保全体制強化のために水産局が設立され，漁業法も新しい装

いを整えたが，漁区の所在地など基本的な制度は従前のものが踏襲された。1960年代の様子を振り返ったある老年の漁民は次のように懐述している（2012年10月，シャムリアップ県プラサックバコン郡カンポンプルック集落群での筆者らによる聞き取り）。

> 漁区システムと保護区は，1960年代に大人になった私の時代にもみられた。境界線は非常に厳格だった。漁区所有者は自分の縄張りのなかで操業し，決して他の境界に踏み入るようなことはなかった。同様に保護区についても厳格に順守され，地元の漁民もそれを尊重していた。漁区所有者が自分の縄張りを超えて公共の魚場に出てこようものなら，人々は苦情を訴えたものである。

1970年から79年にかけてのクメール・ルージュ時代になると，トンレサップ地域も内戦に巻き込まれ漁区システムは機能不全に陥った。ポルポト政権は漁区システムを禁じ，人々は共産主義の理念に基づく共同体単位で米作等への従事を強制された。コンポンチャナン郡でごく一部のクメール・ルージュ幹部による操業が行われていたようであるが，この時期の全体像はわかっていない。いずれにせよ制度的な商業漁業は10年間の空白期間を迎え，1980年代に再開されたときに，トンレサップ湖は非常に豊かな漁場になっていた。

　漁区システムが再び導入されたのは1987年のことであり，これがトンレサップ湖における領域化の一つの転換期にあたる。名目上は「競売」を通じて競り落とされることになっている漁区の割り当てであるが，現実にはほとんど同じメンバーが連続して決まった漁区を競り落としてきた。他方で，零細漁民は漁区の所有に参入する手段を全くもたなかった。そうした漁区オーナーは政治家と強いパイプを築き，既得権を独占してきたことで知られる。本来，漁区オーナーはバーデンブックと呼ばれる操業規則が書き込まれた漁区証明書に従って，操業することが決められている。この証明書には漁区の場所を示す地図とともに，資源を円滑に管理・保全するために順守しなくては

ならないルールや，競売価格などが記載されている。しかし，実際の取引価格は額面と異なっていることはもちろん，ルールについても操業実態からは大きく逸脱したものになっている。ある漁区オーナーは，実際の競売価格が，額面の「ほぼ10倍」であったと証言しているし，本来，漁区を分割して下請けに出してはいけないという規則にもかかわらず大部分の漁区では複数の下請け操業が行われている。漁区オーナーは排他的な漁業権の見返りとして，役人や政治家への多種多様な便宜供与を「見返り」として求められてきた。2012年3月の漁区システム完全撤廃に対して，政府の裏切りに憤りを感じたオーナーが多かったのも当然であろう。オーナーたちから見れば，長年都合よく利用されて，使い捨てられたのであるから。表3－1に，2012年の区画撤廃面積と撤廃後のそれらの配分を示す。

さて，共産主義政権下で一時的な中断があったとはいえ，漁区システムの100年を振り返ると，表3－2にあるように，漁区の総面積そのものは徐々に縮小してきたことがわかる。広大な湖を実質的な私有資源化する政府主導の動きを領域化と呼ぶのであれば，こうした漁区の撤廃に伴う排他的な私有面積縮小は「脱領域化」と呼んでよい。たとえば，1919年に約143万ヘクタールあった面積は，1998年には39万ヘクタールに縮小されている。しかし，

表3－1　トンレサップ湖における脱領域化

(単位：ヘクタール)

州　名	2000年時の区画面積	区画撤廃面積(2001年)	区画撤廃面積（2012年）	
			コミュニティーへの配分面積	保護区面積
バンテイメンチェイ	32,756	6,398	6,149	249
バタンバン	146,532	102,718	49,166	52,550
コンポンチャン	62,256	45,085	35,125	9,959
コンポントム	127,126	69,353	51,850	17,503
ポーサット	55,120	24,848	13,898	10,950
シェムリアップ	83,941	22,725	20,690	2,035
合計	507,731	271,127	176,878	93,246

(出典) Mak and Vikrom (2008, 103-104) および Kim (2012) より筆者作成。

個別の漁区面積は拡大しており，このことがさまざまな対立の引き金になってきた。要するに特定の漁区所有者に資源アクセス権が集中してきたということである。1998年から2000年にかけての漁区面積増大の理由ははっきりしない。クメール・ルージュの崩壊に伴う混乱を反映したものかもしれない。新政権に参画した官僚たちに利益配分する必要性から漁区システムが活用された可能性もある。

表3－2は1998年から2000年にかけて漁区面積が総計で10万ヘクタール増えたことを示す。表3－3にあるように，この時期，漁区所有者と地元零細漁民との間の係争の報告は多数に及んでおり，そうした対立は場合によって暴力的なものに発展する場合もあった。係争の頻発は，政府に対する調停の請願となり，行政による介入を後押ししたと考えてよい。たとえば2000年に行われた演説においてフンセン首相は農林漁業省に対して漁区を削減する可能性を検討するよう指示し，漁区の一部をフリーアクセスの公共漁場に取り込むよう促した。

一連の漁区撤廃政策が，どのような波紋を生じたのかを統計的に把握することは難しい。数少ない資料として入手できたのは，部分的な撤廃政策が実施された1998年から数年間の間の係争発生件数に関する水産局自身によるデータである（表3－3）。この数字をどのように解釈すべきかは議論の余地があるが，部分撤廃が始まってから係争件数が激増している事実は注目して

表3－2　漁区面積の推移

(単位：ヘクタール)

州　　名	1919年	1940年	1998年	1998-2000年	2001年
コンポンチャン	67,667	63,037	NA	62,256	45,084
コンポントム	248,272	192,571	NA	127,126	69,353
シェムリアップ	NA	NA	NA	83,941	22,725
ポーサット	105	NA	NA	55,120	24,848
バンテイメンチェイ	182,352	189,362	NA	332,756	6,411
バタンバン	NA	NA	NA	146,532	102,718
合計	1,434,710	444,970	390,000	507,731	271,139

(出典) Mak and Vikrom (2008, 104)。

表3-3 漁区をめぐる係争件数

年	漁区数	漁区総面積 (ha)	係争件数
1998	164	NA	826
1999	155	953,740	1,990
2000	83	422,203	1258
2001	82	422,203	493

(出典) Hori, et al.（2008, 319）。

よい。つまり，漁区の数が減り，一般のアクセスが可能になった場所が増えたにもかかわらず係争が増加したということである。この理由については漁区オーナーが実際には漁区を開放していなかった可能性や，撤廃された漁区へのアクセスをめぐって異なる地域の漁民が対立した可能性などが考えられるが，詳細は明らかではない。

第3節　脱領域化への政策変更とその説明

　従来，行政の動きを説明する要因としてしばしば取り上げられたのは，歳入確保という行政側のインセンティブであった（Levi 1988）。しかし，歳入確保という動機づけだけでは，漁区システムの撤廃を説明することはできない。というのも，この政策によって最も大きな便益を享受する小規模零細漁民の漁労活動に対して政府はなんらの課税をしていないからである[5]。むしろ，漁区システムを現状のままに維持し，そこから得られる税収を継続的に確保するほうが得策であるようにも思える。もちろん，トンレサップ湖の湖底に眠っているとされる石油やガスの開発準備のために私的な管理権が撤廃されるということであれば，歳入確保というインセンティブで政府の行動を説明できるかもしれない。しかし，湖底の資源開発から期待できる収益はあまりに不確実性が高く，現在のところ開発の具体的な見通しは立っていない（Cock 2010）。そもそも，漁区システムの開放が将来の資源開発とどのように

結びつくのかも判然としない。そうであれば，どこに説明を求めることができるだろうか。

　もう一つの仮説として考えられるのは，行政は加熱しつつあった漁区所有者と零細漁民との対立が全国的な規模の紛争へと拡大することを懸念し，その火消しを図ろうとしたのではないかというものである。確かに小規模な係争は各地で頻発し，政府が2011年に行った本格調査も，漁区所有者と対立を繰り返してきた零細漁民の高まる憤り，そして事態を収拾することのできない水産局に対するフンセン首相の不満に起因するとされる。しかし，これまでに，こうした係争が大規模化した事例はなく，最終的に2012年の漁区撤廃政策に至る道筋を治安維持という観点から説明するのは難しそうである。

　そうであれば，何が政府によるトンレサップ湖への積極的な漁業介入を説明できるのだろうか。筆者の提示する仮説は，政府は天然資源を介して広い層の人々に利益を再分配し，その見返りとして政治的な安定を得ようとしたのではないか，というものである[6]。この仮説をトンレサップ湖の文脈で検討してみよう。

　カンボジアにおける漁業は，国内総生産（GDP）の5.5％を占めており，その漁業形態は，3つに分類できる。それぞれの漁業形態がGDPに占める割合は，産業漁業（1.5％），家族漁業（2.1％），水田漁業（1.8％）である。このうち，いわゆる産業漁業は100程度の事業主に集中し，そこには4億ドルの収益が集まっている。政府の介入はこうした経済利益の集中を分散させることに目的をおいていた。フンセン首相の2012年3月8日の演説では「少数の事業者に集中している産業漁業を大衆の満足のために再分配することになんら躊躇はない」との発言をしている。フンセンの発言で引用されたトンレサップ湖における漁業の政府にとっての経済価値は「150万ドル」であり，これは6％以上の経済成長率を続けてきたカンボジア経済にとっては非常に小さい（Hun Sen 2012）。実際，カンボジア弁護士連合会によれば最近の政府歳入に関する統計をみると，2000年代における漁業由来の歳入は国家予算の0.8％から徐々に低下し，現在では0.2％にすぎない。政府による介入が新た

な税収の確保など，経済的な目的におかれていなかったことは明らかではないかと考えられる。

　カンボジア政府によるトンレサップ漁業への介入は単に漁業資源の利益配分という観点からだけではなく，ここ十年以上にわたって継続してきた地方分権のプロセスに照らして解釈されなくてはならない。とくに内戦終了後の民主化の動きとトンレサップ湖への国家介入には強い連関があると考えてよい（Öjendal and Lilja 2009; Peou 2007）。地方選挙の在り方を新たに規定した法律，およびコミューン行政管理法が2001年に施行されたことによって地方分権は一段と加速した。これらの新しい法律に基づく地方選挙は，2002年，2007年，2012年の3回行われた。いずれの選挙でも与党であるカンボジア人民党（CPP）が勝利をおさめているが，2013年7月28日に投票が行われたカンボジア国民議会選挙では，野党の救国党が大きく議席を伸ばし，与党人民党による選挙不正が報じられるなど，人民党が盤石ではないことが公となった。

　カンボジアが，党の指名する自治体首長ではなく，選挙によってコミューンレベルの代表を決める選挙を初めて全国規模で実施したのは2002年である（Slocomb 2004; Mansfield, March and Bounnath 2004;）。コミューン協議会の議員選挙は，地方分権を象徴する民主化のための重要な選挙であると位置づけられた。コミューン協議会ではさまざまな党に属する議員が，地方の政策事項について広く議論し決定することになっている。選挙制度の改変が行われても，1980年代以降，圧倒的な勢力をもつ与党であるカンボジア人民党の支配力を疑う根拠は希薄であった。

　ならば，ゆるぎない権力基盤があるなかで，政府がトンレサップ湖に継続的に介入するのはなぜなのか。トンレサップ湖に直接・間接に利害をもつ人民が400万人もいるという（Mak 2011）。これはカンボジアの総人口が1500万人程度であることを考えるとかなり大きい。ここで大多数を占める零細漁民と少数の漁区所有者の対立が大きな政治的火種になることは政府にとって望ましくない。そもそもフンセン首相は度重なる対立を処理できてこなかった

水産局に対する不信感を募らせていたという説もある。

　カンボジアは確かに一党独裁政権ではあるものの，トンレサップ湖に対する見方は政治家や役人の立場，所属部局などによって異なる。トンレサップ湖に関与する行政機関だけでも，農業林業漁業省，環境省，水資源気象省がある。このうち，区画漁業を管轄するのは農業林業漁業省であり，環境省は保護区をとくに生物多様性保全の観点から所轄する。他方で比較的最近設立された水資源気象省，とくにその内局として設置されたトンレサップ公社は，幹部がフンセンと近い関係をもっていることもあり閣内における影響力が非常に強いとされている[7]。たとえば，違法漁業を取り締まる権限は本来は農業林業漁業省の水産局に与えられるべきであるが，実際にはトンレサップ公社に与えられている。こうした行政機関同士の政治が，漁区システムの撤廃にどう影響したのかは今後細かな検証が必要であるが，さしあたり農業漁業林業省が漁区システムの生み出す利権を十分に守るだけの政治力をもたなかったことは明らかである。

　今後の課題として焦点となるのが，コミュニティーと保護区とに振り分けられたかつての漁区が実際に誰によって，どう管理されるのか，である。多くのコミュニティー漁業集団には管理を行き届かせるインセンティブはおろか，その能力さえないのが実情であるし，環境省の所轄に入る「保護区」も名ばかりに終わる可能性が強い。貧しい零細漁民に歓迎された漁区システムの完全撤廃政策がトンレサップ湖の生態系に与える影響は，長期的には「コモンズの悲劇」に近いマイナスとなると考えられるのである。

第4節　結論

　トンレサップ湖は単に漁業資源や生物多様性の宝庫であったわけではなく，カンボジアの近代史を通じて，常に政治的な利権の錯綜する地域であった。2000年から2012年にかけてカンボジア政府は2回にわたってトンレサップ湖

の漁業制度に大掛かりな介入を実施した。それはまず，2000年に漁区の面積を56％削減するという政策から始まり，最終的には2012年の完全撤廃にいたった。筆者の水産局における聞き取りによれば，政府は従来，漁区としてほぼ私有化されていた地域の半分以上をオープンアクセスの漁区として開放し，その場所の管理をコミュニティーに委譲した。数字の上では76.37％の漁区面積がコミュニティーに委譲され，残りの23.63％は資源環境を保護する目的で保全地域に指定されている。

　筆者の現地における聞き取り調査の範囲では，こうした漁区の全面的な開放政策に対する零細漁民の反応はおおむね好意的である。これまで漁区の境界上にはフェンスが敷かれるか，あるいは武器をもった監視員が砦のごとく目を光らせ，境界をまたごうものなら容赦なく武力で制圧されてきた。そうした脅威はもうなくなった。しかし，その一方で，漁業資源の保全活動を行うNGOの担当者は，電気ショックを用いた不法な漁法による乱獲の事例はこれまで以上に増えているという。しかも，不法な乱獲に対して，パトロールのためのガソリン代さえ工面できないコミュニティー漁業集団は手をこまねいてみているしかないという。そうした不法漁業を黙認する見返りに賄賂を取ろうとする役人の噂もあとを絶たない。漁区開放は資源の保全という観点からは必ずしも明るい見通しをもっている政策ではないのである。

　水産局にとって漁区所有者との癒着はさまざまな利権の温床になっていたに違いない。先述のように，ある元漁区オーナーの証言によれば，彼らは政治家や役人の地元訪問のたびにさまざまな便宜供与を要求されてきた。このように，その時々の権力機構と癒着しながら100年以上にもわたって維持されてきた制度がこうもあっけなく撤廃されたのはなぜか。その理由の一つは，カンボジアの経済が発展し，漁業セクターそのものが生み出す経済価値が相対的に低下したことである。にもかかわらずトンレサップの漁業に関与する民衆はいまだ数多く，彼らと漁区オーナーとの間で頻発した係争は政権与党の権力基盤を脅かす火種になりかねないと政権は考えたのではないか。地方分権と民主的な選挙をスローガンに掲げてきた政府によって，選挙のたびに

漁区システムに介入して貧しい漁民の票を集めようとするにはそれなりの理由があったと考えるのが自然である。

　本章の結論は次のように要約できよう。カンボジアでは，政治的な支持を取り付けるための誘因として資源アクセスが利用されてきた。これはカンボジアに限ったことではないが，金銭的な賄賂が取沙汰されることが多いなかで，「資源アクセスの再分配」を通じた懐柔策は，大衆迎合的である分，その本当のねらいを見極める必要がある。トンレサップ湖では2012年に，それまで100年以上機能してきた区画漁業権の制度が完全に撤廃され，区画の多くは零細漁民に開放された。地域住民による漁業資源への日常的な依存度が高いトンレサップ湖では，こうした懐柔策の効果は大きく，だからこそ政府は歳入の面でも経済生産という面でも相対的に小さいトンレサップ湖の漁業資源に繰り返し介入してきた。政府による漁区開放の介入が選挙のタイミングに符合してきたことは単なる偶然とみるべきではない。こうした懐柔策の社会的，環境的な効果は，地方分権の推進や民主化というスローガンのオブラートに包まれたまま検証されてこなかった。住民が喜ぶ政策は，より巧妙な統治の技法として，これからも注意深い検討が必要である（Dina and Sato 2014）。

　発展途上国の資源政策をめぐる政治問題を広くサーベイしたアッシャーは，天然資源利権の再分配は目立ちにくく政治的な代償は小さいと指摘した（アッシャー 2006）。そこで検証されなくてはならないのは，さしあたり零細漁民に歓迎された漁区開放政策が，長期的にどのような効果をもつのか，という点である。伝統的な漁区システムは，共有地の私的管理という側面をもち，排他的な制度ではあったが，それゆえに安定した秩序であった。これを多種多様な能力や規模をもつコミュニティーに委譲することは，それぞれの地域における多様な癒着と資源管理上の混乱を招きかねない。水産局に新たな秩序をもたらすほどの行政力があるとは思えない今日，NGOなどによるコミュニティー支援がこれまで以上に重要性を増していると考えられる。

　最後にこの事例の位置づけについて展望を述べておこう。本章は，貨幣価

値としては国家経済に占める相対的な位置が低下した天然資源でも，その利用に従事し，そこに依存する人口の大きさから依然として政治的な意義を失わない資源があることを確認した。近年の「資源の呪い」をめぐる議論では，石油やガスといった経済的な価値が高く，国家による独占の対象になりやすい資源を対象に議論が展開されてきたが，ここではより広い庶民層の日常的な資源に着目して，その政治的な位置づけを検討した。

　天然資源へのアクセスを操作することによる分配政策は，とりわけ第一次産業が多くの国民にとって重要な生計手段になっている国においては課税や補助金など以上に大きなインパクトをもっている。それを知っている政府が，この操作に関心を示さないはずがない。最近の研究では，地理学を中心に資源との位置関係から国家の特質を明らかにしようとする視角が現れつつある (Bridge 2014)。そこでは国家に収奪される資源という一方向的なベクトルではなく，資源の分布やそれをめぐる競合関係が国家や，国家の存立を支える知そのものを形作っていく可能性にも光を当てている。ここに資源研究のフロンティアがあるといえよう。

　他方で，現実問題として，資源アクセスの政治利用が生態系に与える負の影響は否めない。多数の政府機関がトンレサップ湖の管理にかかわることによって，総合的な計画はおろか資源状況の統一的な計測もままならなくなる。もっとも，こうした統一的な調査や計画がかつて水産局によって効果的になされていたわけではない。しかし，統合的な視野を必要とする資源政策に欠かせない条件づくりは，今回の漁区撤廃と水産局の相対的な弱体化によっていっそう遠のいたようにみえる。カンボジア政府が一体となってトンレサップ湖の統合的な管理に本格的に取り組むことができるようになるまでには，まだ当面時間がかかりそうである。

　　　〔謝辞〕本研究は東京大学大学院新領域創成科学研究科国
　　　際協力学専攻博士課程 Thol Dina 氏との共同研究の成果で
　　　ある。Dina 氏の貢献に深謝する。またカンボジアでイン

タビューに協力してくれた漁民，政府機関職員，NGO 関係者，国立公文書館職員，大学の研究者らに深く感謝したい。

〔注〕
(1) たとえば Hall, Hirsch and Li (2011) を参照。
(2) 森林に当てはめた比較的最近の論考として生方（2012）を参照。
(3) 堀は集団行動に対するポスポト時代のアレルギーがいまも民衆の間に残っており，「コミュニティー」を組織化することに強い抵抗感をもつ人々がいると指摘している（堀 2008）。
(4) 2012年3月7日，政府勅令37号（Government sub-decree 37 Or Nor Krar Kar）。
(5) カンボジア政府の漁業資源由来の歳入は，水産物の輸出に10％課される輸出税と漁区のライセンス料である。こうした収入の総計はフンセンのスピーチによれば，150万（米）ドルに過ぎない。
(6) この考え方はアッシャー（2006）がかつて定式化したものである。
(7) トンレサップ公社は錯綜する行政機関の総合調整を任されており，漁業セクターの「抜本改革（deep reform）」を先導する旗手とみなされている。

〔参考文献〕

＜一次資料＞
National Archive File No. 24111, 24110, 24109, 24108, 24107, 24106, 24105, 24103, 24102, 24101, 24100, 24083, 24084, 24085

＜日本語文献＞
アッシャー，ウィリアム 2006．佐藤仁訳『発展途上国の資源政治学——政府はなぜ資源を無駄にするのか——』東京大学出版会（William Ascher, *Why Governments Waste Natural Resources: Policy Failures in Developing Countries*, Baltimore: Johns Hopkins University Press, 1999）
生方史数 2012．「熱帯アジアの森林管理制度と技術——現地化と普遍化の視点から——」杉原薫ほか編『歴史のなかの熱帯生存圏——温帯パラダイムを超えて——』京都大学学術出版会　333-358．
榎本憲泰・石川智士 2008．「トンレサープ湖の水産資源と管理——水産資源管理の目的と課題について——」秋道智彌・黒倉寿編『人と魚の自然誌——母な

るメコン河に生きる──』世界思想社　201-19.
笠井利之 2003.「カンボジア・トンレサップ湖地域の環境保全についての予備的考察」『立命館国際地域研究』(21) 3月　41-64.
菊池道樹 1981「保護領支配確立期のカンボジアの内水面漁業」『一橋論叢』86(4) 10月　497-524.
佐藤仁 2013.「近代化と統治の文化──明治日本とシャムの天然資源管理──」平野健一郎・古田和子・土田哲夫・川村陶子編『国際文化関係史研究』東京大学出版会　171-192.
─── 2014.「自然の支配はいかに人間の支配へと転ずるか──コモンズの政治学序説──」秋道智彌編『日本のコモンズ思想』岩波書店　176-194.
堀美菜 2008.「湖の人と漁業──カンボジアのトンレサープの事例から──」秋道智彌・黒倉寿編『人と魚の自然誌──母なるメコン河に生きる──』世界思想社　33-50.

＜英語文献＞

Bridge, Gavin. 2014. "Resource Geographies II: The Resource-state Nexus," *Progress in Human Geography* 38(1) February: 118-130.
Castree, Noel. 2008a. "Neoliberalising Nature: The Logics of Deregulation and Reregulation," *Environment and Planning A* 40(1): 131-152.
─── 2008b. "Neoliberalising Nature: Processes, Effects, and Evaluations," *Environment and Planning A* 40(1): 153-173.
Cock, A. 2010 "Anticipating an oil boom: The "Resource Curse" thesis in the play of Cambodian politics." *Pacific Affairs* 83(3): 525-546.
─── 2013 "People and business in the appropriation of Cambodia's forests," In *Governance of Natural Resources: Uncovering the Social Purpose of Material in Nature*, edited by Jin Sato. Tokyo: United Nations University Press: 98-119.
Cooke, Nola. 2011. Tonle Sap Processed Fish. In *Chinese Circulations: Capital, Commodities, and Networks in Southeast Asia*, edited by Eric Tagliacozzo and Wen-chin Chang. Durham: Duke University Press.
Degen, Peter, Frank Van Acker, Nicolaas van Zalinge, Nao Thuok, and Ly Vuthy. 2000. "Taken for Granted: Conflict over Cambodia's Freshwater Fish Resources." Paper Presented at the Eighth Biennial Conference of IASCP, Bloomington, Indiana, May 31-June 4
Delaney, David. 2005. *Territory: a Short Introduction*. Malden, MA: Blackwell.
Dina, Thol and Jin Sato. 2014. "Is Greater Fishery Access Better for the Poor? Explaning De-Territorialisation of the Tonle Sap, Cambodia," *The Journal of Development Studies* 50(7): 962-976.

Enomoto, Kazuhiro, et al. 2011. "Data Mining and Stock Assessment of Fisheries Resources in Tonle Sap Lake, Cambodia." *Fisheries Science* 77(5) September: 713-722.
Global Witness. 2007. *Cambodia's Family Tree: Illegal Logging and the Stripping of Public Assets by Cambodia's Elites.* Washington, D.C.: Global Witness Pub.
Hall, Derek, Philip Hirsch, and Tania Li. 2011. *Powers of Exclusion: Land Dilemmas in Southeast Asia.* Singapore: NUS Press.
Hori, M., Ishikawa, S., Takagi, A., Thouk, N., Enomoto, K., & Kurokura, H. 2008. Historical Changes on the Fisheries Management in Cambodia. *TROPICS*, 17(4) October: 315-323.
Hun Sen. 2012. "Addressing the deep fishery reform." (video). Retrieved from http://www.khmerlive.tv/archive/20120308_TVK_PM_Hun_Sen_Address_to_the_Nation.php
Kim, Sokha. 2012. "Fisheries Conservation Management Plan," presentation at Sunway Hotel, Phnom Penh, September 13th 2012.
Levi, Margaret. 1988. *Of Rule and Revenue.* Berkeley: University of California Press.
Mak, Sithirith. 2011. "Political Geography of Tonle Sap: Power, Space, and Resources." Ph. D Thesis submitted to Faculty of Arts and Social Science, the National University of Singapore.
Mansfield, Cristina. and Loun March and Sou Bounnath. 2004. *Commune Councils and Civil Society: Promoting Decentralization through Partnerships.* Pnonm Penh: Pact Cambodia.
Nevins, Joseph and Nancy Lee Peluso, ed. 2008. *Taking Southeast Asia to Market: Commodities, Nature, and People in the Neoliberal Age.* Ithaca: Cornell University Press.
Öjendal, J. and Mona Lilja. 2009. *Beyond Democracy in Cambodia: Political Reconstruction in a Post-Conflict Society* . Copenhagen: NIAS Press.
Peou, S. 2007. *International Democracy Assistance for Peacebuilding : Cambodia and beyond.* New York : Palgrave Macmillan.
Ratner, D. Blake. 2006. "Community Management by Decree? Lessons from Cambodia's Fisheries Reform," (Policy Review) *Society and Natural Resources,* 19(1): 79-86.
Ratner, D. Blake, Guy Halpern, and Mam Kosal. 2011. *Catalyzing Collective Action to Address Natural Resource Conflict: Lessons from Cambodia's Tonle Sap Lake.* Washington, D.C.: CGIAR Systemwide Program on Collective Action and Property Rights
Mak, Sithirith and Vikrom, M. 2008. Entitlements and the community fishery in the

Tonle Sap: Is the fishing lot system still an option for inland fisheries management? In *Sustaining Tonle Sap: An Assessment of Development Challenges Facing the Great Lake*, edited by Matthew Chadwick, Muanpong Jantopas, and Mak Sithirith. Bangkok: The Sustainable Mekong Research Network, 99-120.

Slocomb, Margaret. 2004. Commune Elections in Cambodia: 1981 Foundations and 2002 Reformulations. *Modern Asian Studies* 38(2) May: 447-467.

Sokhem, Pech and Kengo Sunada. 2006. The Governance of the Tonle Sap Lake, Cambodia: Integration of Local, National and International Levels. *International Journal of Water Resources Development* 22(3): 399-416.

Un, K. and Sokbunthoeun, S. 2009. Politics of natural resource use in Cambodia. *Asian Affairs: An American Review,* 36, 123-138.

Vandergeest, Peter and Nancy Lee Peluso. 1995. "Territorialization and State Power in Thailand." *Theory and Society* 24(3) June: 385-426.

White, Ben, et al. 2012. "The New Enclosures: Critical Perspectives on Corporate Land Deals," *The Journal of Peasant Studies* 39(3-4): 619-647.

第4章

台湾における水質保全政策の形成過程
——1974年水汚染防治法を中心に——

寺尾　忠能

はじめに

　水は自然資源として利用されると同時に，災害の原因として治水の対象でもある。そのため水にかかわる政策では，資源管理と治水という二つの側面が重視された。自然資源としては，適切に管理されれば繰り返し利用することが可能であるが，そのためには汚染の管理，規制が必要である。水資源の管理としてはその量的な配分が重要であったが，産業化が進展して以降は，量的な配分に加えて，水質の管理による水資源の保全も重要な政策課題となっている。

　経済発展の進展とともに，水資源の希少性が高まり，水質保全のための政策的対応が必要となる。しかし水資源管理には古くからの複雑な利害関係が存在し，相対的に新しい水質保全の利害を反映させることは容易ではない。一方で，水質保全政策は，大気保全政策と並んで，環境政策のなかでも最も早い時期に取り組まれる環境汚染管理政策の柱の一つであり，多くの国々で大気保全政策と同時かそれ以前に何らかの取り組みが始まっている。水質保全政策は，「後発の公共政策」である環境政策のなかでは最初に取り組まれる分野であるが，その進展は遅く，制度・組織が形成されて，政策の効果が現れるまでには時間がかかることが多い。

台湾では，1960年代から急速な産業化が進展し，高い経済成長を持続する一方で，鉱工業排水の環境への負荷も増大し，水質汚濁が深刻な問題となった。台湾は降水量が多く，急峻な地形を流れる短い河川が多いため，河川の汚染は比較的蓄積しにくいが，水資源の利用という側面では地下水やダムへ依存する割合が高い。1980年代以降は養豚業の急激な拡大によって，畜産排水の負荷も拡大した。一方で，下水道の整備が遅れ，高い人口密度がそのまま水質への負荷となっていた。台湾における水質保全政策は，1960年代半ばまでには検討が始まり，1974年には中央政府レベルでの「水汚染防治法」が制定され，全国的な対策が可能な制度的枠組みが比較的早く形成されたと考えることができる。水汚染防治法は，台湾で最初の中央政府レベルの環境法，産業公害規制法でもあった。

　台湾では，最初の立法化は比較的早かったが，その後も水質汚濁の拡大を十分に防ぐことはできなかった。日本を含む多くの先進国でも，環境政策の初期の取り組みは必ずしも十分な成果を上げていない。後発国としては比較的早く取り組みが始まったとはいえ，台湾においては先進国よりその開始はずっと遅く，先進国における初期の取り組みの問題点とその後の改革を観察して学ぶことができた。後発国であるがゆえの「後発性の利益」が資源・環境政策，水質保全政策においても存在したはずである。排出規制政策としての一応の完成は1991年の法改正とその後の排出基準の強化であり，その実効性が現れるのは1990年代後半以降と考えられる。台湾における水質保全政策の形成にはどのような困難があったのだろうか。そもそも，なぜ比較的早い時期に水質保全の立法化が取り組まれたのか。

　台湾において，水質保全の制度が，少なくとも事後的な規制政策として，一応の完成をみるのは，1991年の水汚染防治法の二度目の改正と，それを受けて1990年代に段階的に行われた排出基準の強化であったと考えることができる。本章ではまず，1960年代半ばから1990年代初めまでの水質保全政策を，おもに鉱工業排水規制の制度・組織の形成過程を中心に概観する。そして，台湾で最初の中央政府レベルの環境法でありながら，その成立要因について

考察した先行研究が存在しない1974年水汚染防治法の成立過程を取り上げ，水質保全政策に内在した諸問題がどのような形で発生し，継続したかを，その起源にさかのぼって明らかにしたい。

　第1節では，台湾における産業化の進展と環境政策の形成過程について概観する。第2節では，水質保全政策の形成過程における主要な行政組織の変遷と，政策の転換点について説明する。第3節では水汚染防治法の立法化，改正とその問題点を概観する。以上の準備作業によって，1974年の水汚染防治法を水質保全政策の形成過程のなかに位置づける。そして第4節で水汚染防治法の1974年の立法過程を政治経済学的に分析し，経済開発政策の転換，台湾選出の立法委員の環境問題への取り組みと諸外国における立法化の趨勢からの影響が，その背景にあることを明らかにする。第5節では，全体のまとめとして，台湾の水汚染防治法の立法過程から，権威主義体制下における環境政策の形成とその限界について論じる。

第1節　台湾における産業化の進展と環境政策の形成

　台湾の第2次世界大戦後の経済成長は著しく，とくに1960年代，70年代にはGDPが実質で年平均10％近い高い成長を維持し続けた。1991年には1人当たりGDPが1万米ドルを超えた。著しい経済成長の結果，環境に対する負荷が急激に拡大したが，環境政策・制度の整備と対策の進展は，経済成長の進展と環境への負荷の拡大の速度に比べて大幅に遅れた。経済開発を推進し，経済的に豊かになることによって，政治的自由の抑圧を正当化していた台湾の国民党政権は，急速な産業化にともなう環境への負荷の増大を無視し続け，問題への取り組みを後回しにして，事態をいっそう深刻化させた。環境対策の費用をかけないことによって，さらなる経済成長のための設備投資を優先させることが可能になったとも考えることができる。また，政治的自由を抑圧することによって，既存の環境破壊や，大規模開発によるさらなる

環境破壊の拡大に対する市民の不満，不安と抗議が抑え込まれ，問題の顕在化を大幅に遅らせた。その結果，既存の環境破壊問題に対する対策の遅れと，適切な対策がとられない大規模開発の不適切な実施を招いた[1]。

　以上のような，環境保全を犠牲にした経済開発は，1980年代初めからの政治的自由化，民主化の進展と並行して，環境保護運動が各地で頻発したことによって，大きく転換を迫られた。政府は環境行政の制度と組織を整備し，環境政策に初めて積極的に取り組んだ。環境政策が民間企業の環境対策を促し，初めて環境の改善に向けて動き出した。政治的自由化，民主化を求める政治運動と，環境保護運動を初めとするさまざまな社会運動は相互に影響を与えながら並行して行われ，民主化，政治的自由化と，環境対策の進展の原動力，社会的な圧力となった。

　環境行政を担当する専門の行政組織の整備は，中央政府レベルでは，1971年に行政院のなかにあった内政部衛生局が独立して行政院衛生署（2013年より「衛生福利部」）が設立され，そのなかに環境衛生處が設置された時点にさかのぼることができる。これ以前には，環境政策はおろか，その前史といえる公衆衛生政策についてさえ，中央政府レベルの独立した組織はなかった。地方政府レベルでは，台湾省政府が1947年に設立された際に衛生處が設置され，1955年には環境衛生實驗所が増設されている。各縣・市政府では1962年の組織改組で衛生局内に環境衛生担当の課が設置された。また台北市政府では，1968年に環境衛生處が設立され，公衆衛生と公害防止を担当した。中央政府では他にも，1969年に経済部内に工業局が設置され，その第七組が鉱工業の安全対策と公害防止を担当した。また，行政院衛生署の設立以来，さまざまな規制法が制定された。1974年に水汚染防活法，廃棄物清理法が，1975年に空気汚染防制法が，それぞれ公布された。しかし，いずれも施行細則や汚染物質排出基準等の整備が不十分で，実効性がある規制は行われていなかった。1982年に行政院衛生署内で環境保護處が環境保護局に昇格し，経済部水資源統一規画委員会が担当していた水質汚濁対策と行政院衛生署環境保護處が担当していた大気汚染防止対策を一元化して引き継いだ。

1987年に行政院環境保護署が設立されて，初めて中央政府に独立した環境行政組織ができた。この時期は，1980年代初めから段階的に進んだ政治的自由化，民主化にともなって，それまでは政治的に抑え込まれていた公害紛争，環境紛争や開発計画に対する反対運動が各地で行われるようになって，産業公害，環境破壊が台湾各地で顕在化し，大きな社会問題となっていた。産業公害や開発計画に対して地域住民が行う自発的な抗議，反対運動は台湾では「自力救済」と呼ばれる。自力救済の運動では，被害者，関係者らは，司法や行政を頼りにせず，汚染排出者や開発主体，中央政府などに直接出かけて抗議し，多くの場合に集団的な実力行使を行い，しばしば汚染排出源の操業を停止させ，設備の一部を破壊した。

　1987年の行政院環境保護署設立以降，既存の環境汚染規制法の強化と，新たな分野での立法が次々と行われた。1992年の「公害糾紛處理法」（公害紛争処理法）に続いて，1994年に「環境影響評估法」（環境影響評価法）が制定され，大気，水質，廃棄物処理などの個別の規制法以外の環境法の整備が進められた。大気，水質，廃棄物処理などの個別の規制法でも，環境保護署の成立以来，次々と改正が行われ，施行細則の整備も進み，環境汚染の規制においても，その実効性が高められていった。

　政府の環境政策の基本的な方針を示す「環境基本法」については，行政院環境保護署が設置されて以来，1980年代後半から制定に向けて準備が進められ，広範な議論が行われてきたが，意見の調整が十分にできず，基本法が制定されないまま，個別の環境法の整備，改正が行われていった。2000年に民主進歩党（民進党）政権が誕生して以後，環境基本法の制定が再び試みられ，2002年12月に環境基本法が公布された。環境基本法の重大な特徴として，「公民訴訟」の条項があげられる。公民訴訟は，環境に影響を与える経済開発，経済活動から直接影響を受ける地域住民ではなくても，弁護士や環境保護運動団体が公益を代表して訴訟の当事者となることができる制度である。公民訴訟の制度は，大気，水質，廃棄物などの個別の規制法にも，環境影響評估法にも，それぞれの改正によってすでに取り込まれている。

第2節　水質保全政策の形成

1．主要な行政組織の変遷

　台湾における水質保全政策は，遅くとも1960年代半ばには検討が始まっていた。ここでは，水質保全政策にかかわる法制度と行政組織が形成されていった過程を概観する[2]。

　1960年代初めまでに，農村での軽工業を中心とした輸出志向工業化の進展にともない，河川の汚染が進行し，水道水等の水源の汚染が顕在化していた。1958年，台北市への下水道設置計画の策定のため，WHOから派遣されたふたりの専門家が北部の淡水河，基隆河の水質を調査した。これは台湾で最初の本格的な河川の水質調査であった。1965年4月，WHOが派遣したアメリカ合衆国公衆衛生局のC. W. Klassen技師が台湾の水質汚濁の状況を調査し，「台灣省水汚染防治計劃研究報告」を提出し，水質保全にかかわる省レベルの行政機関の設置，全国レベルに適用される水汚染防止法の制定，各工場に対する廃水処理設備導入の行政指導等を提言した。これを受けて，台湾省政府は1967年に台湾省水汚染防治委員会を設置し，「水汚染防治法草案」と「台灣地區放流水標準草案」（排水排出基準）の検討を行った。中央政府においては，1970年に経済部工業局七組が「工廠廢水管理辦法」を公布している。

　1974年7月，「水汚染防治法」が制定，公布された。中央政府レベルで初めての環境法であった。これを受けて1975年9月，台湾省水汚染防治委員会が台湾省水汚染防治所に改組され，1978年に「水汚染防治四年計劃」を決定した。また1975年4月，経済部が「水汚染防治法施行細則」を決定，公布している。水汚染防治法の目的は，「水汚染を防止して清浄な水資源を確保することによって，生活環境を維持し，国民の健康を増進する」こととされている。中央政府でこの法律を主管する官庁は，公衆衛生を担当する行政院衛生署ではなく，水資源統一規劃委員会や工業局といった水資源管理や工業開

発を担当する部署をもつ経済部であった。「水汚染防治法」と「水汚染防治法施行細則」の決定により，全国での水質汚濁防止，工場，鉱山等からの排水規制の根拠となる法制度ができあがった。

　しかし，この時点から全国レベルで実効性がある排水規制がすみやかに行われたわけではない。水質汚濁の拡大を防ぐために十分な厳しい水準の値を定めた排水排出基準が決定される必要がある。執行を十分に行うための制度的な準備としては，さらに規制を実施する行政組織の整備と人員の訓練が必要となる。法制度の整備としては，1975年5月に水汚染防治法施行細則が定められている。1975年9月には，行政院が環境政策の基本法に代わる「台湾地區環境保護方案」を発表している。排水排出基準としては，1976年に台湾省政府，台北市政府，高雄市政府が，鉱工業からの排水排出基準値である「工廠，礦場放流水標準」をそれぞれ改訂している。しかしそれらの基準は十分に厳しい水準ではなく，執行も不十分であり，水質汚濁の拡大を防ぐことはできなかった。

　水汚染防治法は，1983年，1991年，2000年，2002年，2007年にそれぞれ改正されている。水汚染防治法の変遷については後述する。また，排水排出基準もその後度々改訂され，より厳しい水準に改められている。排出基準の重要な改訂は，1987年の全国一律の排水排出基準設定と，1991年以降の段階的な厳しい基準の導入であった。排出基準の改訂についても後述する。

　その後の行政組織の整備をみると，中央政府レベルでは，1982年1月に行政院衛生署環境保護局が成立し，水質保全政策の担当が経済部から移管されている。1987年8月には行政院衛生署環境保護局を改組して行政院環境保護署が設立され，中央政府内の環境政策を担当する独立した行政機関となった。水質保全政策は水質保護處が担当した。以後，中央政府レベルでは水質保全政策を担当する行政組織に大きな変更はない。

　一方，水質保全政策の執行機関として重要であった台湾省政府では，上記のように，1967年7月に同政府の建設庁内に設置していた台湾省水汚染防治委員会を1974年7月の水汚染防治法制定を受けて1975年9月に台湾省水汚染

防治所に改組し，台湾省内の水質保全政策を担当させた。1983年に建設庁内の水汚染防治所と環境衛生実験所を統合して台湾省政府衛生處環境保護局が設立され，1988年に環境保護處に改組されている。1999年7月の台湾省政府の実質的な廃止にともなって一部は縣・市政府に移管され，一部は2002年3月に行政院環境保護署環境督察總隊と改組されている。縣・市レベルの地方政府では，1988年から1991年にかけて，環境保護局が設置されている。

　以上，水質保全政策にかかわる主要な行政組織の変遷を概観した。大きな変化としては，経済部による水資源管理政策の一部としての水質保全政策から，公衆衛生に起源をもつ生活環境保全政策としての水質保全政策への重点の移動がみられる。以上では，水汚染防治法にかかわる主要な行政機関についてのみみてきたが，他にも飲料水，水道水，下水道，工業用水，農業用水，工業区管理，港湾，海洋等，多くの行政分野で水質汚濁にかかわる規定が取り入れられ，それぞれが対象とする範囲が大きく重複していたにもかかわらず，整理されないまま放置された。そのような混乱は現在にいたっても十分に整理，解消されておらず，政策の効率的，効果的な運用を妨げる要因となっている。

2．水質保全政策の転換点

　行政院環境保護署による水質保全政策の通史である『行政院環境保護署水質保護處25年紀實』では，時期を10年ごとに区切り，それぞれの時期を特徴づけている。1971年（中華民國60年）以前は「国内経済が発展を開始し，水質保護の観念が芽生え，立法の気運が醸成された」，1971年から1980年（民國60年代）は「水汚染防治法が公布され，法規と制度の基礎が確立された」，1981年から1990年（民國70年代）は「行政院環境保護處が設立され，各種の規制計画が推進され，水質保全対策の基礎がつくられた」，1991年から2000年（民國80年代）は「水質保護管理制度が健全に発展し，主管機関による指導が進んだ」，2001年以降（民國90年代以後）は「水質保全政策は国際的な取

り組みと歩調を合わせ，持続可能な発展に向かい，水質汚濁規制はリスク管理に向かい，水質改善は流域管理へと向かった。また海洋保護でも国際的な趨勢を掌握した」としている[3]。

　行政院環境保護署による，水質保全政策の形成史に対する以上のような自己認識は大まかな傾向を理解するためには有効であり，検討に値するが，西暦と11年ずれる10年ごとの区切りが正確にその時期を特徴づけるわけではない。いくつかの重要な転換点を設定し，その時点で区切る方がより有効な時期区分となると考えられる。

　歐陽嶠暉らによる行政院環境保護署からの委託研究は，1980年代末の時点で，水質保全政策の時期区分を行っている。歐陽嶠暉らは，台灣省水汚染防治委員會が設立された1967年と，水汚染防治法が成立した1974年で区切り，1967年までを「萌芽期」，1967年から1974年までを「立法期」，1974年から行政院環境保護署が設立される1987年までを「発展期」と区分している[4]。中央政府が実質的に水質保全政策を検討し始めたのは，WHOのKlassen技師が「台灣省水汚染防治計劃研究報告」を提出した1965年前後と考えられる。この後，1974年の水汚染防治法は，最初の重要な転換点である。その後では，同法の1983年の第1次改正による主管官庁の経済部から行政院衛生署環境保護局への移管が，次の重要な転換点であろう。続いて，最も重要な転換点として，1987年の行政院環境保護署設立の直前，行政院衛生署環境保護局による全国一律の排水基準設定による規制強化があげられる。その背景には，1986年の「緑色牡蠣事件」がもたらした水質汚濁，産業公害の政治問題化があった[5]。この時期，各地で産業公害や大規模開発計画に対する反対運動が激化しており，政府は対策を迫られていた。1987年以後は，1991年の水汚染防治法の第2次改正による直接規制政策としての整備と，2002年の第4次改正による環境法としての機能の拡張が転換点と考えられるほかには，大きな事件，事故や社会運動などによる制度変化はみられない。以上のように，台湾の水質保全政策については，1986年の緑色牡蠣事件を受けた1987年にかけての政策対応以外では，政策，制度自体の変更を転換点とみなすことができる。

第3節　水汚染防治法の立法化，改正とその問題点

1．水汚染防治法の制定と改正

　1969年6月，行政院は「水汚染防治如何推動方案」を決定し，台湾省政府，各縣・市政府の担当部署に対する水汚染防止対策の取り組みを指導した。また台北市の水道の水源に対して重点的に改善を行うよう，関係する河川に排水する工場の新設を制限するなどの対策をとった。1970年8月には経済部工業局が「工廠廢水管理辨法」を公布し，工場廃水を規制する暫定的な排水基準を設定し，各工場に期限までの改善を通知した。また新設工場に対しては廃水処理設備の導入を許可の条件とした。1973年7月からは経済部水資源統一規劃委員会が中心となって台北市周辺の新店溪の水質汚濁改善計画が取り組まれ，暫定的な水質基準等を設定して規制が行われた。

　以上のような取り組みの他にも，台湾省政府や各縣・市政府による独自の工場排水規制が行われたが，いずれも部分的なものであり，法的な裏付けが不明確な行政指導にとどまるものであった。

　行政院が提案し，経済部が主管となった水汚染防治法の法案は，1974年2月26日から立法院に提出され，経済委員会を経て院会での審議と修正を受け，7月2日に成立した。水汚染防治法は台湾で最初の環境法，公害規制法であった。資源・環境政策あるいは産業公害規制の基本法はそれ以前に成立しておらず，中央政府で正式に議論された形跡はみられない。

　1974年の水汚染防治法は，28カ条から構成されており，経済部を中央政府の主管機関として，鉱工業からの排水の規制をおもに規定し，排水基準の設定と規制の執行は台湾省政府と各縣・市政府にゆだねられている。法律による規制の対象は，地下水を除く河川，湖沼，海域内の自然界の水である。これを用途ごとに分類し，それぞれに対する排水基準が設定される。また，規制を実施する単位として「水區」が設定され，その水區内では排水口を設置

するには許可が必要とされるなど，水の利用と排水の規制が行われた。規制に違反する行為に対しては過料を課すことが定められた。以上のような枠組みで，水汚染防治法は台湾における水質保全政策の出発点となる排水排出規制の根拠法として制定された。

　1983年5月の第1次改正では，中央政府の主管機関が経済部から行政院衛生署に移管された。これはその前年の1982年に行政院衛生署が設置され，そのなかに環境保護局が設置されたことを受けた変更と考えられる。中央政府の主管機関の権限も強化された。対象となる鉱工業排水の範囲を中央政府が指定できるようになり，排水排出基準の設定も中央政府が行うように変更された。また，海洋汚染に対する規制が強化され，違反に対する過料の水準が引き上げられた。

　1991年5月の第2次改正では，大幅な変更が行われ，中央政府の主管機関を行政院環境保護署とした。河川毎の水質目標を達成するための「総量規制」が追加された。また，汚染者負担の原則を確立するための水質汚濁防止の費用を徴収する制度が加えられた。管理の対象を，土壌処理，汚水が浸透する地下水，下水道等に拡大し，排水管理を統合的に管理する制度に改定された。排水排出の事前許可審査・検査申告制度が導入された。地方政府が中央政府よりも厳しい独自の規制を行うことを可能とし，また突発的な事故による汚水の拡散に対する規定が加えられた。違反に対する罰金も大幅に引き上げられ，悪質な違反には刑事罰を与えることが可能となった。

　2000年4月の第3次改正は比較的小規模な変更にとどまった。台湾省政府の実質的な廃止にともなう業務の縣・市政府への移管等が行われた。

　2002年5月の第4次改正は再び大幅な変更が行われた。「行政程序法」（行政手続法）の改正を受けて，行政手続の明確化，適正化により，効率と市民の権利の保障が試みられた。「公民訴訟制度」がとり入れられ，水質汚濁事件の当事者以外の第三者が公益を主張して訴訟を行うことが可能となった。水質汚濁防止費用の徴収の法的な基盤が強化され，徴収の権限が地方政府から中央政府に移管された。違反に対する罰金が再び大幅に引き上げられた。

非点源汚染の規制が強化された。汚染源に対する情報の開示制度がとり入れられ，行政程序法が求める行政手続の透明化が行われた。

2007年12月の第5次改正では，農民の負担軽減のために畜産排水の基準超過に対する罰金の上限を引き下げる等の変更を行った。

以上5度にわたる改正を経て，条文は制定公布時の28条から現行の75条まで増えた。これにより，排水排出基準による排水の管理，汚染者費用負担原則の確立，総量規制と事前許可審査・検査申告制度，回避管理措置等の明確化，建築物汚水管理施設および検査測定機構の管理の明確化等によって水汚染の防止，水資源の保護，生態系の維持，生活環境の改善，国民健康の増進といった立法目的の達成を図っている。同時に水汚染防治法の授権下に20の法規命令，40の行政規則，11の命令的性格をもつ公告，31の一般公告が定められ，台湾の水質保全政策の法制度としてほぼ完備したと考えられる。

2．水汚染防治法の問題点

1974年に制定された水汚染防治法は，5度の改正を経て，さまざまな政策手段が採り入れられてきた。汚染排出費用の徴収という経済的手段や，総量規制が法律には採り入れられたが，いずれもこれまで実施されていない[6]。実施されていない先進的な政策手段を除けば，水質汚濁に対する古典的な直接規制の手段としては，1991年の第2次改正で法制度として形ができあがり，その後の改正では若干の調整が行われていると考えることができる。ここでは1974年の立法時から1983年の第1次改正を経て，1991年の第2次改正後により直接規制の手段として整備される時点までの，水汚染防治法の問題点の整理を試みる[7]。

水汚染防治法は，1974年の制定時には法律実務の側面からもさまざまな問題があり[8]，改正を繰り返して法律としての不備を改善していったが，ここでは法律実務的な細部については省略し，水質保全政策・制度の一部としての水汚染防治法が1974年の制定時から内在させてきた問題点を指摘したい。

まず，法の目的として，清浄な水資源の確保が第1にあげられており，生活環境の維持と国民の健康の増進はそれに続けてあげられている（第1条）。環境政策の基本法が2002年まで制定されなかったにもかかわらず，環境法としての理念が示されていない。生活環境を保全し国民の健康を守るという目的を，水資源の保全という経済的な目的に並列させるにとどまっている。どのような理念で環境保全を進めるのかが示されていなければ，排出基準や環境基準を用いた具体的な規制をどの程度，どのように行うかを，その法によって方向付けることは困難であろう。この第1条の記述はその後の5回にわたる改正でも変わっていない。

　中央政府の主管機関は，1974年の制定時には，産業政策を担当する工業局，水資源管理を担当する水資源統一規劃委員会が所属する経済部となっていた（第3条）。この点は，法の目的の最初に水資源の保全が書かれていることと合わせて，この法律が第1に水資源管理政策の一部として想定されていたことがあらわれている。生活環境の保全と国民の健康という目的は，従来から存在した公共政策のなかでは公衆衛生政策に近い内容であったが，中央政府で公衆衛生を担当する行政院衛生署は主管機関とされなかった。中央政府の主管機関については，1983年の第1次改正によって行政院衛生署に移管された。衛生署内に同時期に設立された環境保護局が水汚染防治法にかかわる政策を担当することとなった。1987年に行政院環境保護署が設立されて以後は，環境保護署が担当した。

　水質汚濁に関する直接規制の中心となる排水排出基準は，中央政府ではなく，地方政府がそれぞれ決定すると，1974年の制定時には定められていた（第8条）。この規定を受けて台湾省政府，台北市政府，高雄市政府がそれぞれの排出基準を決定したが，その水準は水質汚濁の拡大を防ぐには不十分なものであった。この規定は1983年の第1次改正によって修正され，中央政府が全国統一の排出基準を設定できるように変更された。しかし，その後も統一基準は設定されず，1986年の「緑色牡蠣事件」などの著しい水質汚濁事件が各地で頻発して政治問題化してから，1987年にようやく公布されている。

また,排水排出規制の執行は,台北市政府,高雄市政府と,台湾省政府の下の各縣・市政府に委ねられていた。このように,制定時の水汚染防治法においては,中央政府は基準を自ら設定することも,排水排出の取り締まりに責任を負うこともなく,国民の最低限の生活環境を守るという姿勢を示すものではなかった。これらの規定は,執行の遅れと実効性の低下を招いた重要な要因であった。

このほか,基準を超過した排水排出行為自体に対する直罰規定がなく,悪質な違法行為を行った事業者に対する刑事罰の規定も明記されていないという問題もあった。排水処理設備等の導入に対する経済的優遇措置などは定められていない。また,水質汚濁による公害紛争の行政的な仲裁等に関する規定はない。法律としては,「水」「水質」「水體」等,重要な役割を与えられている用語の定義の不明瞭さ等,法制度としての不備も制定時にはみられた。他の法律との調整も行われていない。以上のような問題点の多くは,1983年の第1次改正,1991年の第2次改正等を経て改善されている。また,環境法としては,無過失責任が規定されていない,時効の延長がない,などの規制法としての難点があり,改正を経てもそれらは変更されていない。

第4節　水汚染防治法の立法過程の政治経済学的分析

1．環境法の立法過程

発展途上国では,環境法は比較的早く整備されるが,その執行が十分には行われず,環境破壊,汚染の拡大を有効に防いでこなかったという指摘がある一方で,むしろ法令とそれに基づく執行の諸制度が十分に整備されていないという,法制度に内在する問題がまず検討されるべきであるという見解がある[9]。台湾の水汚染防治法と関連する諸制度をみることにより,法制度に内在する問題を検討する必要性があらためて確認されたと考えられる。

台湾では，1974年という後発国としては比較的早い時期に水質汚濁問題への対策法である水汚染防治法が制定されている。同年に廃棄物管理のための廃棄物清理法，翌1975年には大気汚染対策のための空気汚染防制法も制定されている。産業公害対策，環境政策の基本法はその時期には制定されなかったが，産業公害を中心とする個々の環境汚染に対する対策法としては，早い時期に制定されているといえる。なぜこの時期にこれらの法律の整備が試みられたのであろうか。

比較的早い時期に制定されたにもかかわらず，これらの規制法は実効性に問題があり，その後の環境汚染の拡大を十分に防ぐことはできなかった。法律の立法の経緯の中から，その後の制約をもたらした要因とその背景が見いだされる可能性がある。以下では，台湾の中央政府レベルでの最初の環境法となった水汚染防治法の立法過程を中心に検討し，その後の水質保全政策が直面したさまざまな困難の原因が，そのなかに見いだされることを明らかにする。

多くの国で，環境政策，制度は大規模な事件，事故を直接の契機として形成されている。たとえば，水質保全の法制度では，日本における最初の環境法でもあった1958年の水質二法の制定が，同年の本州製紙江戸川工場事件を受けたものであることは広く知られている。台湾においても，1986年の緑色牡蠣事件が1987年の全国一律の排水排出基準公布による規制強化の直接の契機となった。しかし，1974年の水汚染防治法制定については，対応する事件，事故は見あたらない。

一般に，法律が制定される背景には多様な要因がある。環境法の場合は，(1)法体系としての整合性の要求，(2)諸外国における立法化の趨勢からの影響，(3)突発的な事件・事故などが引き起こす危機への対応，(4)政治家などのアクターがもつ理想・信念の表出，(5)市民による要求と社会的な圧力，などがあげられる[10]。初期の環境政策，環境法の場合，突発的な事件・事故への対応が重要な要因となることが多い。また，とくに環境政策，環境法の場合，市民による要求・社会的な圧力が存在しなければ，進展しないことが多い。初

期の環境政策，環境法では，先進国においても，環境保護運動や団体が力をもっておらず，その進展が困難となった。1974年の水汚染防治法に始まる，台湾の初期の環境法の制定過程では，先進諸国の初期の環境法の場合とは異なり，環境保護運動や市民の圧力は小さかった。権威主義体制下の台湾では，激しい公害紛争も，環境保護運動や市民の世論などによる圧力も，ほとんど不在であった。重要な契機となった突発的な事故・事件も，直接には見あたらない。

2．経済開発政策の転換

環境政策の形成，環境法の制定には，突発的な事件・事故による危機が生じていることも，社会的な圧力が顕在化していることも，重要な条件ではあるが必ずしも不可欠なものではない。上記のような諸要因は，台湾ではどのように影響していたのであろうか。

1974年の水汚染防治法の制定は，政府が重化学工業化を進めるために大規模な建設投資を行い，それを後押しする政策，制度を整備していた時期と重なる。水質汚濁問題が「十大建設」（新国際空港，南北高速道路，台中港，蘇澳港，北廻鉄道路線といった巨大インフラの建設，鉄道電化，国営企業による大型造船所，一貫製鉄所，石油化学コンビナートと第1原子力発電所の建設）の推進の支障にならないように，対策を行おうとしたと考えられる。十大建設による重化学工業化，大規模インフラ整備を推進した蔣經國が行政院長に就任したのは1972年であった。この時期，台湾の中華民国政府は，国際社会での「中国政府」としての正統性を失いつつあり，政治的な危機に直面していた。1971年，中華人民共和国の国連加盟に反発して，中華民国は国連から脱退した。1972年にはアメリカ合衆国のニクソン大統領の訪中により米中が急接近した。また同年，日中国交回復にともない，台湾は日本と断交した。1979年にはアメリカ合衆国と断交している。中国大陸への「反抗」はこの時期以前にすでに実現不可能となっていたが，形式的には保たれていた中国大陸全体

を統治するという建前，中国政府としての正統性も，この時期にはその対外的な承認のほとんどを失った。

この正統性の危機に対する対応の一つが，台湾内への大規模投資によるインフラ整備と重化学工業化であり，政治的自由化であった。対外的な危機を受けて，台湾に根を下ろして，台湾内の開発に力を入れること，その姿勢を示すことにより，政治的，経済的基盤を台湾に築き上げると同時に，政権の新たな正当性を獲得することをめざしていた。

1972年に行政院長に就任した蔣經國は1973年に十大建設計画を打ち出し，インフラ建設と重化学工業化を推進していった。同じ時期に，半官半民の産業技術研究機関，工業技術研究院が設置され，後のハイテク産業の興隆につながる技術の研究，開発，導入が進められた。

水汚染防治法は，これらの開発計画と同時期に，開発計画を主導した経済部によって法案がまとめられ，経済部が主管官庁となって成立している。経済部内では，水資源政策を担当する水資源統一規劃委員会が水質汚濁対策を担当した。中央政府には，台湾内の開発を円滑に進めるため，水資源管理政策の一環として，水質汚濁対策を組み込むという意図があったと考えられる[11]。当時の経済部長，孫運璿は，蔣經國の腹心として十大建設を推進した[12]。孫は国営企業，台湾電力の總技術長を務めたエンジニア，技術官僚であった。孫は経済部長として工業技術研究院を設立した。第2次世界大戦後，孫は日本から引き継いだ電力設備の復旧で功績を挙げ，ダム建設を行うなど，水資源開発にも精通していた。1960年代半ばには世界銀行のニジェール川開発プロジェクトに招聘されてナイジェリアに3年間滞在し大規模ダムを建設した。経済部長を1978年まで務めた後，蔣經國の総統就任を受けて，1978年から1984年まで行政院長を務めた。行政院長としては，台湾の天然資源保護を提唱し，各地に国家公園（国立公園）を設置した。エンジニアとして，孫は資源開発，資源保全に関心をもちつつ，水汚染防治法の制定を経済部が主導して行った背景には，孫の資源保全への関心があったと考えられる。

3．台湾選出の立法委員の環境問題への取り組み

　第2次世界大戦後，国民党政権下の台湾は権威主義体制下にあった。台湾における政治的自由化，民主化は，1980年代初めから1990年代初めにかけて段階的に進んでいった。言論の自由に対する最後の大規模な政治的弾圧事件となった「高雄事件」（美麗島事件）は1979年に発生しており，少なくとも1970年代末までは政治的な自由は著しく制限されていた。戒厳令が解除されたのは1987年7月であった。国会にあたる立法院が全面改選されるのは1992年のことであった[13]。

　ただし，権威主義体制下でも選挙がまったく行われていなかったわけではなく，地方選挙は行われ，地方政府の首長と地方議会の議員が選出されていた。中央レベルでは，1948年に中国大陸で行われた選挙で選出された立法委員（国会議員）が，1950年の立法院の台湾への移転後も改選されず在任し続けた。中国大陸で選出された760人の立法委員のうち，約380人が台湾に渡った。彼らはその後，内戦を理由に改選されず，「万年議員」と呼ばれた。しかし，1969年に台湾で欠員補充選挙が行われ，台湾での選挙で11名が新たに立法委員に選ばれた（この欠員補充選挙で選出された11名の任期は大陸で選出された議員と同じであり，その後1992年まで改選されなかった）。さらに1972年からは任期3年，定員51名の台湾選出枠が設けられた。その後3年ごとにこの台湾選出枠の立法委員の選挙が行われることになった。中国大陸選出の議員が総辞職し，立法院が全面改選されるのは1992年である。

　水汚染防治法が成立した1974年，立法院には，まだ300人以上在任していた中国大陸選出の非改選議員だけでなく，1969年の選挙と1972年の選挙で新たに選出された立法委員が加わっていた。彼らの多くも非改選議員と同様に与党国民党に所属していたが，少数の非国民党員もいた。当時，野党は非合法であり，1986年の民主進歩党の結成まで合法的な野党は存在しなかった。非国民党の議員たちは，地方議会にも一定の勢力をもっていたが，彼らは政

党としてまとまって台湾全土に及ぶ政治勢力として，活動することはできなかった。台湾全土に及ぶあらゆる政治勢力は，国民党の権威主義体制を脅かす存在とみなされ，容認されなかった。

以上のような立法院等における限定された政治的自由の容認も，対外的な正統性の危機に対する対応の一つであった。限定された形ではあったが，台湾地区がその大部分を占める実効支配地域で選挙を行うことにより，政権の正統性の危機を緩和する試みであった。立法院の全面改選を行わないかぎり，議会の多数派の地位を失う心配はなかった。非改選議員が圧倒的に多数を占める議会という限られた空間ではあったが，権威主義体制にもそのなかでの言論を完全に統制することはできなかった。

1983年時点での蕭新煌の研究によると，立法院における環境問題に関する質問は，1960年代まではほとんどみられなかったが，1970年を境に急増している[14]。立法委員たちは，工業開発による環境破壊，大気汚染，水質汚濁，廃棄物などの産業公害問題について取り上げ，政府の対策や立法措置を要求した。当時は，言論の自由が著しく制限され，マス・メディアの報道も規制され，産業公害や大規模開発に反対する社会運動を組織することは非合法であり，ほとんど不可能であった。社会運動も圧力団体も不在だった当時としては，立法院における言論活動は，政府の環境問題への取り組みの遅れを追及する唯一の手段であった。

立法院で環境問題について質問することにより政府を追及し，適切な対策と規制法の立法措置を要求したのは，1969年の欠員補充選挙と1972年の台湾選出枠選挙で選出されて新たに加わった立法委員たちであった（蕭新煌(1983b)）。そして環境問題に関する質問が急増する1970年は，1969年の選挙で選出された立法委員が初めて登院した時期と重なる。それらの質問の多数が，台湾で行われた選挙で新たに選出された立法委員たちによるものであった。1960年から1981年までの22年間に98人の立法委員が環境問題に関する質問を行っているが，5回以上行っているのは19人であり，その19人の質問で全体の55.6％を占めた。台湾で新たに選出された立法委員が参加した1970年

表4-1 立法委員による環境問題に関する質疑の内容別回数（1960〜1981年）

内容		1960	1965	1966	1968	1969	1970	1971	1972	1973	1974	1975	1976	1977	1978	1979	1980	1981	合計
空気汚染	回数		12	6	6	1	4	2	2	5	3	3	5	7	4	7	2	10	81
	構成比%		57.1	75.0	66.7	33.3	25.0	12.5	17.2	30.0	21.4		19.2	22.6	28.6	18.4	7.4	11.1	21.5
水質汚染	回数			1	1		4	4	3	4	1	2	6	8	3	4	2	15	59
	構成比%			12.5	11.1		17.4	17.4	18.8	13.8	10.0	14.3	23.1	25.8	21.4	10.5	7.4	16.7	15.7
騒音	回数						1	1			1			1	2				7
	構成比%						4.3				10.0			3.2	14.3				1.9
衛生環境問題	回数		1			1	3	3						1				2	11
	構成比%		4.8			33.3	13.0							3.2				2.2	2.9
廃棄物処理	回数												1	1	1	1		9	13
	構成比%												3.8	3.2	7.1	2.6		10.0	3.5
生態保全問題	回数											1		2	1	3	3	5	12
	構成比%											7.1		6.5	7.1	11.1		5.6	3.2
工業区・工場等の造成による公害問題	回数		8	1	2		3	5	1	9	2	6	9	5	1	14	13	24	103
	構成比%		38.1	12.5	22.2		21.7	6.3	31.0	20.0	42.9	34.6	16.1	7.1	36.8	48.1	26.7	27.4
原子力・放射能問題	回数	1											2			5	2	4	14
	構成比%	100.0											7.7			13.2	7.4	4.4	3.7
環境保護・公害防止	回数						1	5	8	9	1	2	2	1	1	2	5	14	50
	構成比%						6.3	21.7	50.0	31.0	10.0	14.3	7.7	3.2	7.1	5.3	18.5	15.6	13.3
その他	回数							1	2	2	2			5	2	5		7	26
	構成比%							4.3	12.5	6.9	20.0			16.1	14.3	13.2		7.8	6.9
合計	回数	1	21	8	9	3	16	23	16	29	10	14	26	31	14	38	27	90	376
	構成比%	0.3	5.6	2.1	2.4	0.8	4.3	6.1	4.3	7.7	2.7	3.7	6.9	8.2	3.7	10.1	7.2	23.9	100

（出所）蕭新煌（1983b），表I（p.73）。
（注）院会（本会議），委員会の議事録にもとづく。政府提案の法案に対する審議での発言は数えない。

第4章　台湾における水質保全政策の形成過程　141

表4-2　立法委員による環境問題に関する質疑の側面別回数（1960〜1981年）

側面		1960	1965	1966	1968	1969	1970	1971	1972	1973	1974	1975	1976	1977	1978	1979	1980	1981	合計
環境・エコロジー問題の概念検討	回数	1								1					2	1	4	2	4	15
	構成比%	100.00								3.33					6.25	8.33	10.53	7.41	4.44	3.99
公害立法の督促	回数			2	4		3	5	6	6	2	2	2	2	1	1	3	7	46
	構成比%			25.00	44.44		18.75	21.74	37.50	20.00	22.22	13.33	7.69	6.25	8.33	2.63	11.11	7.78	12.23
公害行政の督促	回数			2	2	2	3	7	5	15	3	8	14	14	8	14	14	44	157
	構成比%			25.00	22.22	66.67	18.75	30.43	31.25	50.00	33.33	53.33	53.85	43.75	66.67	36.84	51.85	48.89	41.76
公害の実態についての批判	回数		19	4	3	1	7	10		8	4	5	10	11	2	18	8	35	145
	構成比%		90.48	50.00	33.33	33.33	43.75	43.48		26.67	44.44	33.33	38.46	34.38	16.67	47.37	29.63	38.89	38.56
広範な視点からの討論	回数						3	1	5					3		1			13
	構成比%						18.75	4.35	31.25					9.38		2.63			3.46
合計	回数	1	21	8	9	3	16	23	16	30	9	15	26	32	12	38	27	90	376
	構成比%	0.27	5.59	2.13	2.39	0.80	4.26	6.12	4.26	7.98	2.39	3.99	6.91	8.51	3.19	10.11	7.18	23.94	100.00

（出所）蕭新煌（1983b），表Ⅲ（p.79）。
（注）院会（本会議），委員会の議事録にもとづく。政府提案の法案に対する審議での発言は数えない。

以降をみると，台湾選出の立法委員の質問は全体の62.3％を占め，上位19人のうち10人が台湾選出の立法委員であった。台湾で選出された立法委員のうち，1969年選挙の当選者は非改選議員の補欠という扱いで，その後も1992年まで改選されなかったが，1972年の当選者の任期は3年であり，1974年にはすでに翌年に最初の改選を控えていた。非改選の立法委員たちとは異なり，彼らは選挙での再選を意識した政治活動を行っていたことも重要であろう。

表4－1，表4－2に，蕭新煌が数えた立法委員による環境問題に関する質問数の推移を示した。表4－1は大気，水，廃棄物など，おもに汚染排出の媒体別に分類し，表4－2はおもに政府に対する要求の方向性で分類されている。表4－1の汚染排出媒体別では，1960年代はおもに大気汚染が中心であったが，1970年代から水質汚濁に関する質問が増えている。また，1970年から産業公害，環境汚染問題が多数取り上げられるようになっている。表4－2をみると，「公害立法の督促」は1970年から1973年にかけて多いが，その後は少なくなり，1981年まではその傾向が続くことがわかる。「公害行政の督促」は，1971年から増加し，その後「公害立法の督促」が減少した時期にも，減少していない。1974年から1975年にかけて公害対策の立法化が行われて立法化の要求が一段落し，その執行へと要求の内容が移ったものと考えられる。「公害の実態についての批判」も，1970年から急増し，その後も減少していない。

蕭新煌の研究では，政府提案による法案の審議過程での立法委員の発言は，質問回数に数えていない。それらは政府提案に対する受動的な対応であり，立法委員自らが行った活動から区別するため，とされる。水汚染防治法の立法過程について，立法院の経済委員会と院会（本会議）における議事録の検討をもとにみてみると，蕭新煌の研究と同様の傾向が確認できる。法案を取り扱った経済委員会においても，本会議における審議においても，質問に立ち，法案の問題点を指摘しているのは，台湾で新たに選出された立法委員たちが中心であった。水汚染防治法の立法過程で，非改選議員たちはほとんど発言していない。非改選議員が圧倒的多数を占める状況下で，彼らの要求の

多くは成立した水汚染防治法に反映されなかったが，いくつかの修正を実現させている。

最も重要な修正は，中央政府の主管官庁に関する部分である（第3条）。複数の立法委員が，中央政府で水資源管理や鉱工業開発を担当する経済部が主管官庁となることに疑問を述べた。1969年の欠員補充選挙で選出された呉基福は，1974年6月14日の院会において，公衆衛生を担当し国民の生活環境の保全を担当するとその組織法にも書かれている行政院衛生署を主管官庁とするべきと明確に主張している。この主張は受け入れられなかったが，6月25日の院会で，梁許春菊委員の提案による，第3条に第2項「この法律で衛生に関係する事項については，中央官庁で行政院衛生署を主管とする」という条項を加える修正案がとり入れられている。

もう一つの重要な論点である，第4条，地方政府の管轄についても，多くの立法委員が質問しているが，この部分では大きな修正は実現しなかった。地方政府の管轄問題は，水汚染防治法の実効性の有無について重大な影響を与えた。1974年の立法時の水汚染防治法では，中央政府が全国一律の水質基準（排水排出基準）を設定することは想定されておらず，基準値は各地方政府が設定することとなっていた。この規定により，台湾省政府，台北市政府と高雄市政府が設定した基準は不十分なものであり，台北市政府，高雄市政府，台湾省下の各縣・市政府によるその執行も不十分であったため，すでに発生していた水質汚濁を低減し，新たな汚染の拡大を防ぐことはできなかった。

この地方政府による排出基準値の設定について，立法院経済委員会での答弁で政府の担当者は，中華民国の法律は中国大陸全土に適用されるが，自然条件が多様な中国各地の基準を現状では一律には決められないので，中央政府は基準を設定せず地方政府にゆだねる，実効支配地域以外の基準は中国大陸への復帰後に設定する，と説明した。この中華民国が中国全体を統治するという建前は「法統」と呼ばれる。上記の説明は，法律としての整合性という意味はあるが，非現実的な建前にすぎない。1974年当時よりもはるか以前

に，すでに中国大陸への復帰は非現実的な虚構となっていた。このような説明は，中央政府が自らの責任で台湾の生活環境を保全し，台湾地区の国民の健康を守るという姿勢を示すものではない。以上のような答弁から，中央政府は法制定後，直ちに厳しい排出規制を設定してその有効な執行を行う意思はなかったことがうかがえる。

4．諸外国における立法化の趨勢からの影響

1974年から75年にかけて台湾で環境法の立法が進んだ背景に，国際的な趨勢，他の国々の動向からの影響があったことは明らかであろう。アメリカ合衆国や日本などの先進諸国でも，1970年前後に既存の環境法の大幅な見直しと，新たな立法化が進んでいる。国際的な趨勢がなければ，台湾でこの時期に環境法が立法化されることはなかったであろう。国連が主催した環境問題に関する最初の大規模な国際会議である，1972年にストックホルムで行われた「国連人間環境会議」では，先進諸国等で発生していた環境問題が大きく取り上げられ，発展途上国から参加した政府関係者らに強い衝撃を与え，各国での取り組みが始まるきっかけとなったといわれている。しかし，台湾（中華民国）はその直前に中国（中華人民共和国）の国連加盟を受けて脱退しており，この会議には政府としては参加していない。

1974年の水汚染防治法制定時の政府の責任者である蔣經國行政院長と，担当部署の責任者である孫運璿経済部長の立法院での答弁など，政府側の主張からは他国の動向の影響は直接には明言されていない。一方，質問に立つ委員たちは盛んに他国の立法状況を取り上げ，その法律の内容に踏み込んで紹介しながら議論している。たとえば，韓国では1963年に「公害防止法」を制定し水汚染だけでなく大気汚染の規制も規定していることが取り上げられ，日本については1958年の「水質二法」や1970年の「水質汚濁防止法」について詳細に紹介されている[15]。

とくに日本については，多雨で急峻な地形や，人口密度の高さなど自然条

件に共通点があり，先に工業化が進んでいたこともあり，政府側も参考にしていたと考えられる。1974年当時は，台湾で新たに選出された「本省人」の立法委員たちは日本統治時代に日本語で教育を受けた世代であり，日本の教育機関で学んだ者も多かった。政府側にも，行政院衛生署環境衛生處の荘進源處長のように，戦後に日本の大学院に留学して公衆衛生の高等教育を受けた担当官もいた。水汚染防治法の法案を作成した中国工程師学会の専門家たちも，日本語で教育を受けた世代が多かったと考えられる。

　立法委員では，上述の呉基福が戦前に日本で医学教育を受け，台湾に帰国後は医師として活躍して1969年の選挙で立法委員に当選し，台湾の公衆衛生政策，医療政策に大きな影響を与えた人物である。呉基福は院会から議論に加わり，中央政府の主管官庁を経済部ではなく行政院衛生署とするべきと主張するなど，重要な発言を行っている。呉基福は，日本の水質二法について詳しく調べて，その問題点をするどく指摘している（6月14日の院会における書面による質問提出）。水質二法は，日本で最初に制定された環境法であり，その目的に「産業の相互協和」が「公衆衛生の向上」と並列されている。この「産業の相互協和」は水質汚濁の加害者としての第2次産業と被害者としての第1次産業との調整，バランスを意味し，その後の「ばい煙規制法」や「公害対策基本法」に採り入れられた「経済発展との調和」が見込まれる範囲内でしか環境保全，規制を行わないという「経済調和条項」の原型となった記述である。水汚染防治法にはそのような規定は採り入れられていないが，呉基福は水質二法と同様に水資源管理と産業政策の担当部署が主管官庁となっていることを問題視し，産業間の資源利用の調整ではなく，生活環境の保全を第1の目的として，公衆衛生を担当する行政院衛生署を主管官庁とすべきと主張した。

　また呉基福は，水質二法の制定後，排水排出規制が速やかに行われず，日本の高度経済成長期の水質汚濁の拡大，さらには熊本と新潟における水俣病の被害の拡大を招いた最も重大な要因となったことや，水質二法の重大な欠点であった「指定水域」の問題も指摘している。水質二法において排水排出

規制は，制定後に水域毎に調査して個別に基準値を設定した後でなければ執行されなかった。1958年に水質二法が成立した後，水域の指定による規制の開始は遅れ，高度経済成長期の水質汚濁の拡大を防ぐことはできなかった。また水俣病の拡大を防ぐ機会を逃すという決定的な失敗を招いた[16]。

呉基福が指摘した日本の水質二法の問題点は，台湾の水汚染防治法にも部分的には内在するものであったが，その指摘は法案の修正に十分に反映されなかった。指摘されたそれらの問題点は，日本でも認識され，1970年にいわゆる「公害国会」で水質二法に代わって水質汚濁防止法が制定され，多くの部分がすでに克服されていた。呉基福だけでなく，政府側の担当官や専門家たちも，そうした経緯をもちろん認識していたはずである。にもかかわらず，それらの指摘は十分にとり入れられず，台湾の水汚染防治法は日本の水質二法の失敗を，部分的にではあるが，繰り返してしまったようにみえる。

第5節　まとめと考察——権威主義体制下における資源・環境政策の形成とその限界——

1970年代初め，戒厳令下の台湾に言論の自由はなく，野党は存在せず，社会運動は厳しく弾圧され，社会団体を自由に設立することもできなかった[17]。市民の環境破壊に対する不満や環境保全への要求が政策に反映されるための社会的なチャンネルは，ほとんど閉ざされていた。台湾において，環境政策が大きく進展するのは，政治的自由化，民主化が進展する1980年代半ば以降のことであった[18]。しかし，権威主義体制下の限られた政治的自由のなかで，環境政策が進展しなかったわけではない。本章では，1974年の水汚染防治法に始まる，一連の環境法が権威主義体制下で制定された背景を考察した。その要因としては，三つに整理できると考えられる。(1)重化学工業化，国内資源開発を重視した政策への開発政策の転換，(2)第2次世界大戦後初めての国政選挙が行われ，台湾で選出された議員が議会で発言する機会を得て，政府

に対する環境問題への対策と立法化を要求したこと，(3)国際社会における環境政策重視の趨勢，である。

当時の台湾は国際社会における地位を失いつつあり，権威主義体制を存続させてきた正統性が危機に直面していた。蒋介石から蒋經國への権力継承の時期とも重なっていた。1972年に行政院長に就任した蒋經國は「十大建設」等の開発計画によるインフラ整備と重化学工業化を推進し，後に興隆するハイテク産業の萌芽となる研究開発を後押しした。開発計画の転換にともない，資源管理政策として国内資源の有効利用，水資源の保全が重視されたと考えられる。

一方で，対外的な正統性の危機は，国内における政治的自由化を部分的にではあれ行う必要を生じさせた。対外的な承認を失うことによる正統性の危機を，国内で国政選挙を行うことにより克服しようとした。具体的には，1969年，1972年の立法院における欠員選挙，台湾選出枠の創設による部分的な改選である。

権威主義体制下での立法院における限られた自由な政治的空間は，環境法の成立という形に反映された。台湾選出の立法委員たちは，立法院の外からの運動がない状況で，次の選挙のために自ら民意を反映させ，支持を獲得するための活動を行った。政治的自由が限られた状況下で，先駆者，「企業家」としての役割を果たした。国民党政権の側も，経済開発政策の一部として，水資源保全政策を必要と考えていた。また，他国の環境政策の形成過程でとくにその初期には導入に最も強く反対する産業界，経済界からの圧力の存在は，立法院での議論からは直接にはうかがえない。当時，民間企業はまだ勢力が弱く，経済団体も国民党政権の統制化にあり，政治的な影響力は大きくなかった。立法院における経済界の利害は，国民党政権によって代弁されていたと考えられる。

国民党政権の開発政策の転換も，立法院選挙の部分的な実施も，中華民国としての台湾の対外的な正統性の危機に由来するものであった。東西冷戦の構図の一部が転換するという，国際政治の構造転換が，その背景にあった。

また，環境政策の国際的な趨勢がなければ，後発国の台湾で環境法の立法化が検討されることはなかったであろう。

　1974年に水汚染防治法が成立した理由は以上のようなものであった。しかし成立した法制度の内容は十分ではなかった。有効な規制を執行する制度と組織は，政治的自由化が進み，報道の規制がなくなり，産業公害に抗議する社会運動が各地で頻発し，政治問題化する1986年から1987年にかけて，ようやく整備され始める。政治的自由化，民主化が進みつつあった1991年の水汚染防治法第2次改正を受けて，1990年代にかけて規制が強化されて，初めてその成果が2000年代以降に顕著となってきた。台湾政府は，日本の水質二法から水質汚濁防止法にいたる，1950年代末から1960年代，高度経済成長期の失敗を，十分に認識しながら，繰り返してしまった。

　1974年の水汚染防治法制定に始まる台湾における初期の環境法の整備は，対外的な正当性の危機を受けた政治的自由化と経済開発政策の転換がもたらした成果であったといえる。一方で，政治的自由化が立法院内にもたらした自由な政治的空間の成果は限定的なものであった，という見方もできる。日本の高度経済成長期の公害問題と，その対策を批判し続けた宇井純は，日本の最初の環境法の成立が，政治家や世論の高まりを一時的に収める効果をもち，執行の困難を言い訳にして，必要な対策をむしろ遅らせる結果となったと指摘している[19]。そもそも，執行が困難である理由は，制定された法制度に内在する不備にあった。不十分な法制度を作って，執行が停滞する言い訳とした。台湾においても，法の成立が議会の関心をそらし，不十分な法制度の成立が適切な執行に負の影響を与えたものと考えることもできる。

〔注〕
(1) 寺尾（1993），Tang and Tang（1997），および寺尾（2005）等で，台湾における政治的自由化，民主化と環境政策の進展の関係について論じている。
(2) 台湾の水質保全政策の形成過程については，以下のような研究がある。河川の水質汚濁問題を中心とした環境史としては，劉翠溶（2009）があげられる。國立中央大學土木工程學研究所（歐陽嶠暉）（1988），および國立中央大

學環境工程學研究所（歐陽嶠暉）（1991）は，行政院環境保護署が設立された直後に行われた委託研究であり，その時期までの水質保全政策の形成過程を概観している。行政院環境保護署によってまとめられた通史としては，許永興編（2012），および符樹強編（2012）がある。水資源管理の通史である臺灣省文獻委員會採集組編（2001）でも，水質保全政策の形成について取り上げている。行政院環境保護署の設立以前に行政院衛生署環境保護局等で公衆衛生，環境行政に関わった担当官による回顧として莊進源編（1991），莊進源（2000），および莊進源（2012）がある。莊（2013）は，莊進源（2012）を元に著者が自ら日本語で新たに書き下ろした回顧録である。

(3) 許永興編（2012），および符樹強編（2012）を参照。

(4) 國立中央大學土木工程學研究所（歐陽嶠暉）（1988），および國立中央大學環境工程學研究所（歐陽嶠暉）（1991）を参照。

(5)「緑色牡蠣事件」については寺尾（1993, 168），および劉翠溶（2009, 234-235）を参照。1986年1月に南部の高雄縣の二仁溪河口付近の養殖場で発生した，牡蠣が緑色に汚染された事件である。被害面積は450ヘクタールにおよび，養殖漁民は汚染された牡蠣と養殖棚の廃棄を余儀なくされた。漁民たちは付近の台湾電力興達発電所を汚染の発生源と決めつけ，補償を要求した。地元選出の立法委員の調停により，台湾電力と地方政府が補償金を支払った。しかし翌年3月，台湾省政府環境保護局の調査により，汚染源は二仁溪周辺の金属廃棄物再生業者らが違法に排出した汚水によるものだったと判明した。この事件に代表される「自力救済」と呼ばれたこの時期の激しい公害紛争については，寺尾（1993），Tang and Tang（1997），陳（1999），Terao（2002b），何明修（2006）等の研究がある。

(6) 汚染費用の徴収である「水質汚濁賦課金」の制度としての導入の過程と，徴収が実施されなかった経緯については，陳（2010, 202-206）で解説，分析されている。

(7) 水汚染防治法の法律としての問題点については，鄭（1984），馬文松・邱聰智編（1988），Cheng（1993），Tang（1993），葉俊榮（1993），黄錦堂（1994），Tang（1997）などを参照。

(8) アメリカ合衆国のClean Water Actとの比較でTang（1993），日本の水質汚濁防止法との比較で鄭（1984）およびCheng（1993）が，台湾の水汚染防治法の法律としての諸問題を指摘している。Clean Water Actの成立過程については，北村（1992, 5-22）で解説されている。

(9) 片岡（1997）は，中国の環境法について，後者のように主張し，その形成過程を詳細に検討している。

(10) 環境法の制定の諸要因は，Elliott, Ackerman, and Millian（1985），葉俊榮（1993）で論じられている。

⑾1975年の大気汚染防治法に関しては、蔣經國が自ら行政院長として対策を指示したことが、その制定につながったとされる（丘昌泰1995, 53）。
⑿十大建設、ハイテク産業の育成策等、蔣經國、孫運璿らによる経済開発政策については、佐藤（2007）を参照。
⒀台湾の第二次世界大戦後の政治については、若林（1992）、若林（2008）などを参照。
⒁調査の詳細については蕭新煌（1983b）に詳しく述べられている。立法院の公報に掲載されている院会（本会議）および各委員会での立法委員の発言、書面での意見提出を用いて分析している。蕭新煌（1983a）、蕭新煌（1983c）も参照。
⒂「水質二法」は、1958年12月に成立、公布された「公共用水域の水質の保全に関する法律」（水質保全法）と、「工場排水等の規制に関する法律」（工場排水規制法）を合わせた略称である。前者は水資源政策を担当する経済企画庁、後者は鉱工業を管轄し産業政策を担当する通商産業省が主管した。水質汚濁防止政策の立法化を主導していた厚生省が立法過程で排除されていく経緯については、寺尾（2010）を参照。
⒃水質二法の環境法としての問題点については大塚（2002, 273）を、その成立過程と環境政策としての問題点については寺尾（2010）を参照。
⒄社会団体の設立は、1989年の「人民團體法」の改正まで厳しく制限されていた。寺尾（2001）、および Terao（2002a）を参照。
⒅寺尾（1993）、寺尾（2005）では、台湾における政治的自由化、民主化が環境保護運動を活発にしただけでなく、環境保護運動に代表される社会運動が政治的自由化、民主化を進めさせるという、相互作用があり、それらの結果として環境政策が進展したことを明らかにしている。
⒆宇井純は、日本の水質二法から、「ばい煙規制法」、「公害対策基本法」にいたる、高度経済成長期の環境法を例に「法律一本・世論三年」と表現し、立法措置により世論が沈静化される一方で、適切な対策が行われなかったことを批判している（宇井 1988, II 97-100）。

〔参考文献〕

<日本語文献>
宇井純 1988.『公害原論 合本』亜紀書房（原著は I 巻、II 巻、III 巻ともに1971年亜紀書房から出版）.
大塚直 2002.『環境法』有斐閣.
片岡直樹 1997.『中国環境汚染防治法の研究』成文堂.

北村喜宣 1992.『環境管理の制度と実態――アメリカ水環境法の実証分析――』弘文堂.
佐藤幸人 2007.『台湾ハイテク産業の生成と発展』(アジア経済研究所叢書3) 岩波書店.
荘進源 2013.『台湾の環境行政を切り開いた元日本人――荘進源回顧録――』まどか出版.
陳禮俊 1999.「台湾における環境社会の変化――自力救済と公害紛争を中心に――」『東亜経済研究』58(2) 11月：65-95.
―― 2010.「台湾における汚染賦課金の政策分析――大気汚染賦課金および水質汚染賦課金を中心に――」李秀澈編『東アジアの環境賦課金制度――制度進化の条件と課題――』昭和堂　191-211.
鄭朝燦 1984.「日本における産業公害政策に関する考察――台湾における産業公害政策を進めるための上での比較考察――」筑波大学大学院環境科学研究科修士論文.
寺尾忠能 1993.「台湾――産業公害の政治経済学――」小島麗逸・藤崎成昭編『開発と環境――東アジアの経験――』アジア経済研究所　139-199.
―― 2001.「台湾――抑圧の対象から『台湾化』の担い手へ――」重冨真一編『アジアの国家とNGO――15カ国の比較研究――』明石書店　330-353.
―― 2005.「台湾における民主化，地方分権化と環境政策――政策形成過程と執行をめぐる政治経済学――」寺尾忠能・大塚健司編『アジアにおける環境政策と社会変動――産業化・民主化・グローバル化――』アジア経済研究所　169-212.
―― 2010.「資源利用をめぐる産業間の利害調整としての水質保全政策――日本における『水質二法』の成立過程を中心に――」　未公刊.
若林正丈 1992.『台湾――分裂国家と民主化――』東京大学出版会.
―― 2008.『台湾の政治――中華民国台湾化の戦後史――』東京大学出版会.

＜中国語文献＞
符樹強編 2012.『環境保護25年回顧與展望』台北：行政院環境保護署.
國立中央大學土木工程學研究所（歐陽嶠暉）1988.『水質保護政策與執行評析』台北：行政院環境保護署.
―― 1991.『水質保護問題與策略』台北：行政院環境保護署.
何明修 2006.『綠色民主―台灣環境運動的研究―』台北：群學出版.
黃錦堂 1994.「環境行政管制法之研究」黃錦堂『台灣地區環境法之研究』台北：月旦出版社　73-109.
劉翠溶 2009.「近二十年來（1986-2006）臺灣河川汚染的防治」黃富三編『海，河與臺灣聚楽變遷――比較觀點――』台北：中央研究院臺灣史研究所　229-289.

馬文松・邱聰智編 1988.『我國現行公害防治法規及標準之評估』台北：行政院研究發展考核委員會.
丘昌泰 1995.『台灣環境管制政策』台北：淑馨出版社.
臺灣省文獻委員會採集組編 2001.『臺灣地區水資源史 第六篇（下冊）』台中縣南投市：臺灣省文獻委員會.
蕭新煌 1983a.「從環境社會學談一般民眾和立法委員對環境問題的認知」『中國論壇』15(8)：44-49.
―― 1983b.「精英份子與環境問題『合法化』的過程――立法委員環境質詢的內容分析1960-1981――」『中國社會學刊』(7) 61-90.
―― 1983c「立法委員與臺灣環境問題」『中國時報』1983年9月15日 第2面（蕭新煌（1987），297-305)。
―― 1987.『我們只一個台灣――反污染，生態保育與環境運動――』台北：圓神出版社.
許永興編 2012.『行政院環境保護署水質保護處25年紀實』台北：行政院環境保護署.
葉俊榮 1993.「大量環境立法――我國環境立法的模式，難題及因應方向――」『臺大法學論叢』22(1) 12月 105-148.
莊進源編 1991.『環境保護新論』台北：淑馨出版社.
―― 2000.『水的故事』台北：淑馨出版社.
―― 2012.『莊進源回憶錄』台北：前衛出版社.

＜英語文献＞

Cheng, Chao-chan. 1993. "A comparative Study of the Formation and Development of Air and Water Pollution Control Laws in Taiwan and Japan," *Pacific Rim Law & Policy Journal*, Vol.3, Special Edition: S43-S87.

Elliot, E. Donald, Bruce A. Ackerman, and John C. Millian. 1985. "Toward a Theory of Statutory Evolution: The Federalization of Environmental Law," *Journal of Law, Economics and Organization*, 1(2) Fall: 313-340.

Tang, Shui-yan, and Ching-ping Tang. 1997. "Democratization and Environmental Politics in Taiwan," *Asian Survey*, 37(3) Mar.: 281-294.

Tang, Dennis Te-Chung. 1993. "The Environmental Laws and Policies in Taiwan: A Comparative Law Perspective," *Vanderbilt Journal of Transnational Law*, Vol. 26: 521-580.

―― 1997. "New Developments in Environmental Law and Policy in Taiwan," *Pacific Rim Law & Policy Journal*, 6(2): 245-304.

Terao, Tadayoshi. 2002a. "Taiwan: From Subjects of Oppression to the Instruments of 'Taiwanization,'" In *The State and NGOs: Perspective from Asia*, edited by Shinichi Shigetomi. Singapore: Institute of Southeast Asian Studies, 263-287.

―― 2002b. "An Institutional Analysis of Environmental Pollution Disputes in Taiwan: Case of 'Self-Relief'," *Developing Economies*, 40(3) September: 284-304.

第5章

ドイツ容器包装令の成立過程
―― 公聴会をめぐる動向を中心に ――

喜 多 川　　進

　　はじめに

　ドイツ[1]の容器包装廃棄物政策は，1991年6月に制定された容器包装令（Verpackungsverordnung）を核とする[2]。容器包装廃棄物の発生抑制を目的としている容器包装令は，容器包装廃棄物の回収・分別の責任所在をそれまでの自治体から，容器包装の製造・販売などにかかわる事業者に移したことから，拡大生産者責任（Extended Producer Responsibility: EPR）のもっとも早い導入例（OECD 2004, 120）として知られる。本政策は，その後，フランス，オーストリア，日本をはじめとする先進諸国の容器包装廃棄物政策の参照モデルとなった。EPRは，企業側に製品の廃棄後の処理責任を命じる画期的な環境原則として受け止められることも多く，容器包装廃棄物政策分野のみならず近年の環境政策の制度設計に影響を及ぼしている。
　ドイツの容器包装廃棄物政策に関しては，1991年の容器包装令の制定後，Michaelis（1993）をはじめとする環境経済学者によって，経済学的効率性や廃棄物減量効果が研究されてきた。このように本政策は経済学者が注目するテーマになったが，のちにEPRと称されるコンセプトがドイツで誕生した背景に関してはほとんど解明されていない。その一因としては，容器包装廃棄物政策にとどまらず先進的と評されることの多いドイツの環境政策は，同

国で一定の地位を確立した緑の党や環境保護団体によって推進されたとの通説的理解の存在があげられる。しかし，より根本的な理由は，一次資料を駆使した歴史研究や政策過程分析が行われてこなかったことにある[3]。そのため，連邦環境省（Bundesministerium für Umwelt, Naturschutz und Reaktorsicherheit: BMU）[4]の容器包装令に関する公文書を利用した研究は，筆者が着手するまでまったくなされていない状況であった。

　EPRを位置付けた容器包装令の制定をめぐる過程は，1990年1月から6月，1990年8月から11月中旬の閣議決定まで，1990年11月の閣議決定から1991年4月の連邦参議院での可決までの3つの時期に分けられる。筆者はこれまでに1990年1月から6月にかけての容器包装令制定に向けた動きをBMUの文書に基づき詳細に追い，この時期にBMUと有力保守政治家の水面下交渉により，EPR的要素が容器包装令に位置付けられたことを明らかにした（喜多川2013a）。

　この1990年1月から6月までの時期と同様に，容器包装令制定において重要なのが1990年8月から11月中旬の閣議決定に至る時期である。1990年8月にはBMUが主催した容器包装令草案に関する公聴会が開催され，それまでは共同歩調をとっていたBMUと主要な経済団体の間に微妙なずれが生じ，容器包装令草案に経済界にとって好ましいものではなかった規制的な手法が追加されるが，その経緯と意味はこれまで明らかにされていない。そこで，本章ではとくにこの公聴会とその後の草案修正に向けた動向に注目し，容器包装令制定における公聴会の位置付けを考察することを目的とする。

　本章は喜多川（2013a）をはじめとする筆者の一連のドイツ容器包装廃棄物政策研究と同様に，一次資料を用いて新しい事実の発掘を行い，ドイツにおける経済合理性に立脚した環境政策の展開を明らかにするものである。この環境政策の展開は，緑の党などの環境保全を第一義的に追求するものとは性格を異にする，1980年代以降に先進国で台頭してきたものである[5]。いち早く，この種の環境政策が登場してきたドイツの事例の検討は，近年になってようやく環境政策に着手しつつある途上国の現状と今後を考えるうえでの

第5章　ドイツ容器包装令の成立過程　155

てがかりを与えるものになる。

　この点を敷衍することから，本章のいま一つの目的がみえてくる。序章で示されたとおり，本書のテーマの一つは，経済政策や産業政策といった伝統的な公共政策と違い，後発の公共政策である環境政策の展開過程への注目であった。そこで，本章では，伝統的な公共政策とのせめぎあいのなかで形成された環境政策の実体をドイツの容器包装廃棄物政策の事例から考察してみたい。結論を先取りすれば，「環境政策」と呼ばれるものが必ずしも環境保全のみに特化してはいないことが示される。それは，経済開発と並んで環境政策の推進が喫緊の課題として求められている途上国に対して，示唆を与えるものとなろう。

　本章の構成は，以下のとおりである。第1節では，1982年から1990年にかけての容器包装廃棄物政策の展開を概観する。フリードリヒ・ツィママン（Friedrich Zimmermann）とオットー・グラフ・ラムスドルフ（Otto Graf Lambs-dorff）という環境政策にはもともと無縁の大物政治家，さらに1987年から連邦環境大臣を務めたクラウス・テプファー（Klaus Töpfer）[6]によってリードされた政策展開が描かれている。その展開をふまえて開催された公聴会の概要および各種団体の見解は，第2節から第4節で論じられる。第5節では公聴会後になされたテプファーによる修正提案とその背景が検討される。以上をふまえた最終節では，容器包装令成立における公聴会の位置付けを明らかにするとともに，ドイツの容器包装廃棄物政策の特徴に関する考察を行う。

　ここで，本章で用いたドイツの未公刊公文書資料について付言しておきたい。用いた資料は，BMUの現用の文書あるいは，ドイツ連邦公文書館（Bundesarchiv Koblenz）の中間書庫で管理されていたBMUの文書である。ドイツ連邦公文書館所蔵の公文書を引用する際には，Bundesarchiv Koblenz（BA Koblenz），Bestände des Bundesinnenministeriums: B 106/21969などと請求記号のみの表記が通例であるが，本章で用いた連邦環境省の文書は，現用の文書および中間書庫で管理されている文書であり今後破棄される可能性があるため，煩雑ではあるがその文書名についても章末の参考文献欄にある＜未公刊

文書＞に表記した。

第1節　公聴会に至る容器包装令草案をめぐる議論

1．容器包装令およびデュアル・システムの概要

　容器包装令は，個々の事業者に対する使用済み販売包装[7]の店頭または店舗近傍での回収義務，さらに使い捨て飲料容器に対する回収・デポジット[8]義務を定めている。ただし，個々の事業者に対する販売包装の回収義務は，容器包装の製造者および販売者などの関係する事業者が共同で容器包装廃棄物の回収・リサイクルのシステムを設立し，そのシステムが容器包装令に定められた回収率，分別率，リサイクル率を達成した場合には免除される[9]。なお，これらの割合が達成されなかった素材に対しては，罰則として個々の事業者に対する販売包装の回収義務が適用される。

　一方，使い捨て飲料容器に対する回収・デポジット義務は，前出の事業者による回収・リサイクルのシステムが設立され，それが回収率，分別率，リサイクル率を達成し，さらにビール，ミネラルウォーター，清涼飲料水などの飲料容器のリターナブル率が72％を下回らない場合には免除される。ただし，リターナブル率が2年連続で72％を下回った場合には，罰則として，使い捨て飲料容器に対する回収・デポジット義務が事業者に適用される。なお，リターナブル率とは，国内の飲料容器総消費量に占めるリターナブル飲料容器の消費割合であるが，リターナブル飲料容器とは，使用後に回収・洗浄を経て再充填が可能な容器を指す。また，リターナブルではない使い捨て飲料容器は，ワンウェイ飲料容器と呼ばれる。

　デュアル・システムは，容器包装材，食料品，卸売，小売等の企業とドイツ産業連盟（Bundesverband der Deutschen Industrie: BDI）やドイツ商工会議所（Deutscher Industrie- und Handelstag: DIHT）といった主要経済団体[10]が1990年

に共同で創設した，容器包装廃棄物の回収・分別・リサイクルのシステムである。デュアル・システムの管理・運営は，Duales System Deutschland (DSD) 社によって行われている。デュアル・システムの誕生後，従来は自治体が回収していた家庭から排出される廃棄物のうち，容器包装廃棄物についてはデュアル・システムが無料で回収するようになった。

上述のとおり，容器包装令は新しい環境責任原則である EPR のもっとも早い導入例とされ，ドイツの容器包装廃棄物政策は先進的であると評されることも多い。しかし，環境税の導入拒否を貫くなど環境政策に積極的ではなかったコール政権が，先進的な廃棄物政策と評価されることも多い容器包装令を定めたのはなぜかという疑問が残る。さらに，事業者が容器包装廃棄物の回収・分別を担うという，一見すれば事業者に厳しいデュアル・システムのコンセプトは，実際には BDI および DIHT といった主要経済団体によって構想されたものである。

そこで喜多川 (2013a) では，ドイツのコール保守連立政権による容器包装廃棄物政策の推進理由，のちに拡大生産者責任と称されるデュアル・システムのコンセプトが主要経済団体によって提案された理由，デュアル・システムの早期設立が求められた理由を検討した。公聴会での議論の検討に先立ち，以下では喜多川 (2013a) で明らかになった点を振り返ってみたい。

2．コール政権誕生後の容器包装廃棄物政策の推進理由

1982 年 10 月のキリスト教民主同盟 (Christlich-Demokratische Union: CDU)，キリスト教社会同盟 (Christlich-Soziale Union: CSU) と自由民主党 (Freie Demokratische Partei: FDP) からなる保守連立のコール政権誕生後，停滞していたドイツの容器包装廃棄物政策は動き出した。なお，CSU はバイエルン州のみを基盤とする地域政党であるが，連邦レベルでは同じキリスト教政党である姉妹政党の CDU と統一会派を形成している。地域政党としてバイエルン州固有の利益追求をめざすこともある CSU は，後述のとおり，容器包

装廃棄物政策の展開に影響を及ぼすことになる。

　コール政権において，環境政策も担当する内務大臣に就任したCSUの政治家フリードリヒ・ツィママンは環境政策には無関心とされていたが，意外なことに使い捨て飲料容器に対するデポジット制度導入をめざした。それは，ツィママンの地盤であったバイエルン州において，ビール醸造業が重要な産業であったことによる。バイエルン州はドイツ国内のビールの主要生産地であったが，おもに小規模業者によって営まれていた同州のビール醸造業では，容器としてリターナブルびんや樽が用いられていた。そのため，同州のリターナブル率は当時90％ほどと突出していた。1970年代以降，スーパーなどでの大量販売が定着するなかでの缶ビールの普及は，こうしたバイエルン州のビール醸造業の倒産を招いた。その結果，ツィママンは「バイエルンのビール業界の内務大臣」[11]と称されるほど，同州のビール業界の代弁者となった。

　したがって，使い捨て飲料容器に対するデポジット制度導入というツィママンの提案は，地域政党CSUによるバイエルンの地元産業の保護という政治的および経済的動機が，リターナブル率の維持および使い捨て飲料容器の排除というかたちで環境政策と結びついたものであったと考えられる。これが，コール政権誕生後の容器包装廃棄物政策の推進理由である。

　ツィママンによって提案された，使い捨て飲料容器に対するデポジット制度導入をはじめとするリターナブル容器擁護案は，ドイツ商工会議所やFDP所属の当時の連邦経済大臣マルティン・バンゲマン（Martin Bangemann），FDPを代表する経済政策通として知られ1984年まで連邦経済大臣を務めたオットー・グラフ・ラムスドルフらには受け入れられなかった[12]。これは，ツィママンと連邦経済省および中央の経済団体との調整がなされていなかったことを物語る。

　その結果，デポジット制度導入に関するツィママンの提案は，廃棄物処理法を改正して1986年に制定された廃棄物法には盛り込まれなかった。しかし，挫折したかにみえたツィママン提案の断片は，その1986年廃棄物法に生かされた。すなわち，同法の主要な改正箇所である14条に，連邦政府が示す目標

が関係する業界によって達成されない場合には，関係団体の意見を聞き連邦参議院の同意を得たうえで，容器包装に関する規制令を連邦政府が定めることができると明記された。そして，その後も容器包装廃棄物問題に解決の兆しがみえなかったため，ツィママンによって布石が打たれた容器包装に関する規制令，すなわち容器包装令の制定にBMUは1990年に着手した[13]。

3．主要経済団体によるデュアル・システムの提案理由

(1) ラムスドルフによるデュアル・システム構想の提案

1990年1月初旬に突如，ラムスドルフは，今後の廃棄物処理のあり方についての提案をドイツの代表的経済紙 *Handelsblatt*（『ハンデルスブラット』）に公表した（Lambsdorff 1990a）。その提案の骨子は，以下のとおりである。

これまでは，家庭から排出される廃棄物は自治体が有料で回収してきた。しかし，今後，廃棄物回収のコスト増大が自治体財政を圧迫し，政治問題化するであろう。そこで，リサイクル可能な廃棄物の回収は，関係業界の共同出資によって新設される民間のシステムが行い，埋立てや焼却されるべき廃棄物の処理は従来どおり公共部門が担うとする「廃棄物の二元処理（Duale Abfallwirtschaft）」構想が必要になる。そして，新設される回収システムの費用は，関係事業者が共同で負担するであろうというものであった。

実際には，「廃棄物の二元処理」，すなわちデュアル・システム構想は，ドイツ産業連盟やドイツ商工会議所といった主要経済団体が容器包装分野の業界団体と連携して生み出したものであった。そのデュアル・システム構想が，「不屈の産業界弁護人」[14]とも称されていたラムスドルフによって発信されたことは，政財界の中枢が一致して事に当たるという意思表示であったと考えられる。

(2) ラムスドルフによる提案の背景

まず，当時の状況を確認しておきたい。1970年代以来の自主協定の失敗を

受けて定められた1986年廃棄物法14条に基づき,BMU内で容器包装に関する規制令制定が検討されるようになった。さらに,1990年1月の連邦政府による目標決定によって,関係事業者が構築すべき新しい廃棄物回収システムの提案が1990年7月末を期限として求められていた[15]。そして,もしその提案がなされなかった場合には,使い捨て飲料容器に対するデポジット制度といった,事業者側が反対していた手段がBMUによって実施されかねない状況であった。

　しかし,そうであるにしても,物理的および金銭的負担を伴うデュアル・システム型拡大生産者責任のドイツの主要経済団体による提案は,とりわけ,容器包装リサイクル法に対する日本の経済界の姿勢に鑑みれば理解しにくい。その提案の背景には,次のように,容器包装廃棄物の回収・分別の民営化,費用負担の実現可能性,欧州での廃棄物の回収・リサイクルビジネスの新規展開があった。

　①容器包装廃棄物の回収・分別の民営化
　家庭から排出される容器包装廃棄物の回収という物理的責任を事業者が担うというデュアル・システム型拡大生産者責任は,事実上,廃棄物処理における民営化を意味するものであった。廃棄物法によれば家庭から排出される廃棄物の処理責任は自治体にあったため,一部の自治体における民間委託を除けば,当時の廃棄物回収は自治体によってなされていた。そのなかで,デュアル・システム構想は,回収の責任主体を自治体から民間部門に移すものであった。そのため,公務員の労働組合である公務・運輸・交通労働組合(Gewerkschaft Öffentliche Dienste, Transport und Verkehr：ÖTV)からは,同構想は公共部門の廃棄物処理への攻撃であり,それにより現在機能している自治体のリサイクルシステムが崩壊し,雇用も危険にさらされるとの批判を受けた[16]。しかし,ラムスドルフは,廃棄物問題を解決し得る処理技術はダイナミックな市場によって生み出されるとして,廃棄物処理の民営化の必要性を訴えていた。彼の主張は,「有価物の回収,分別,再利用のための並はずれ

た高額の投資のためには，民間の投資が不可欠である。FDP は，それゆえ，廃棄物部門においても民営化を要求する」（FDP 1990）というものであった。これは，コール政権が進めていた民営化路線に沿った見解である。この背景には，すでに当時，ガラス，紙，びん，スチール缶に関してはリサイクル技術が存在しており，それらの材料の廃棄物は二次資源としての利用が可能であった事情がある。

②費用負担の実現可能性

デュアル・システムの設立に伴い，容器包装の製造・販売などにかかわる事業者には，新たな費用負担も生ずる。この点に関して1990年4月の時点でラムスドルフは，デュアル・システム運営費用を，消費者への転嫁と回収された廃棄物のリサイクルによる収益から得ようと考えていた[17]。したがって，ラムスドルフは，デュアル・システムのランニング・コストは消費者に転嫁し，事業者はおもに初期投資額を負担すればよいと想定していたと考えられる。事業者側が何らかのシステムの提案をせざるを得ない状況のなかで，容器包装廃棄物処理分野における民営化実現のチャンスが到来していたため，ラムスドルフのこの考えは関係業界に対して一定の説得力をもっていたのではないだろうか。また，1983年から1990年まで史上最大の景気拡大局面にあったドイツの経済状況は，デュアル・システムに対する初期投資容認への追い風となったと考えられる（工藤 1999, 595, 古内 2007, 204）。

ラムスドルフによる「今必要なことは，関係業界による有価物回収システムへの高額の投資が十分に保証されるような確かな法的枠組みを早急に連邦政府がつくることである」（Lambsdorff 1990b）との1990年5月17日の声明は，容器包装廃棄物分野における規制令導入に対してツィママン内相期以来反対してきたラムスドルフをはじめとするFDP，さらに主要経済団体の態度変化を示している。その背景には，いまや容器包装令が，主要経済団体らによるデュアル・システム設立に対する投資の保証のために不可欠となった事情があった。

③リサイクルビジネスの新規展開

ラムスドルフは，デュアル・システムはヨーロッパのモデルにもなると指摘していた（Lambsdorff 1990b）。これは，廃棄物の回収・分別・リサイクル分野におけるデュアル・システムという新しいビジネスモデルの欧州への展開をめざしたものであったと考えられる。また，その視野には，統一後の旧東ドイツ地域での廃棄物ビジネスの展開も入っていたと推測される。

④小括

のちに拡大生産者責任と称されるデュアル・システムのコンセプトを，主要経済団体自らが提案した理由の背景には，1970年代以来の連邦政府との間で締結されていた容器包装廃棄物減量化に関する自主協定の成果が芳しいものではなく，主要経済団体は何らかの容器包装廃棄物回収システムの提案を迫られていた状況があった。その制約のもとで，デュアル・システムの設立は，使い捨て飲料容器に対するデポジット制度導入の回避を可能にするだけでなく，容器包装廃棄物回収における民営化と欧州での廃棄物ビジネスの展開に道をひらくものであった。

4．デュアル・システムの早期設立が求められた理由

BMUが1990年4月に作成した容器包装令草案においては，使い捨て飲料容器に対するデポジット制度義務導入が盛り込まれていた。そのため，このデポジット制度義務導入に反対するラムスドルフ・FDPサイドとテプファー・BMUサイドの水面下の交渉が，1990年5月に行われた。そして，その交渉のさなかにラムスドルフに宛てた書簡のなかで，テプファーはデュアル・システムの早期設立がなされるならば，このデポジット義務を実質的に免除すると提案した（未公刊文書1。以下，未公刊文書の資料名称については，章末の参考文献欄にある＜未公刊文書＞を参照されたい）。

その背景には，当時，容器包装廃棄物問題が選挙の争点になっていた事情

第5章　ドイツ容器包装令の成立過程　163

があった。CDU は，1990年に入ってから州議会選挙において連敗していた。とくに，テプファーとラムスドルフの水面下交渉の時期と重なる5月13日には，同党はノルトライン・ヴェストファーレン州議会選挙でラウ州首相率いる社会民主党（Sozialdemokratische Partei Deutschlands：SPD）に敗れただけではなく，ニーダー・ザクセン州議会選挙においても敗北した結果，野党に転落し，シュレーダーを州首相とする社民・緑連立政権の誕生を許してしまった（坪郷1991, 59-60）。この結果，州の代表で構成される連邦参議院では与野党逆転という状況が生じた。1990年秋のドイツ統一後に予定されていた連邦議会選挙でもコール政権の劣勢が予想され，連邦レベルでもSPDへの政権交代が有力視されていた。そして，SPDの首相候補オスカー・ラフォンテーヌ（Oskar Lafontaine）が容器包装税をはじめとする環境政策の推進を重視していたため（住沢1992, 224-226），与党側には環境政策における目にみえる成果が選挙対策としても望まれていたと考えられる。また，デュアル・システムによる，容器包装廃棄物の回収・分別部門の民営化と，回収・分別・リサイクルビジネスの旧東ドイツ地域および欧州での新規展開は，保守連立政権の経済政策と一致するものであった。

　さらに，連邦政府にとって長年の懸案であった容器包装廃棄物対策における法令制定は，テプファー個人にとっても名誉挽回の絶好の機会であった。地域開発政策分野の学者であった彼に対する世間の期待は大きかった。しかし，連邦環境大臣就任から約2年後の1989年4月には，その政治姿勢は大言壮語というべきものであり，めぼしい成果をあげていないという理由から批判にさらされ政治家としての岐路に立たされていた[18]。

　したがって，容器包装廃棄物問題が無視できない政策課題となるなかで，連邦議会選挙前に容器包装令の制定にめどをつけることが，保守連立政権の敗北回避と，テプファーへの批判払拭のために重要であったと考えられる。この政治的動機が，テプファーがデュアル・システムの早期設立を求めた理由である。当時，SPDと緑の党は，廃棄物税導入や使い捨てPETボトルなどの特定容器の禁止を提案していた[19]。連邦議会選挙後の政権交代もありう

る状況のなかで，保守連立政権期のうちに廃棄物税導入，PETボトル禁止を回避しただけでなく，使い捨て飲料容器に対するデポジット制度導入も事実上回避した容器包装廃棄物政策導入のめどがたつことは，主要経済団体にとっても望ましいものであったといえる。

5．小括

　以上より，1980年代半ばと1990年の動向を比較すれば，次の点を見出すことができる。すなわち，ツィママンが担い手であった1980年代半ばと，テプファーが率いるBMUとラムスドルフが率いるFDPが担い手であった1990年を比較すれば，前者ではバイエルン州のビール醸造業保護とCSUの集票を目的とするなかで，後者では国政における政権交代回避，容器包装廃棄物分野での回収・分別の民営化，旧東ドイツおよび欧州でのリサイクルビジネスの新規展開をねらうなかで，容器包装廃棄物政策は進められたということができる。

　このドイツのケースでは，廃棄物に関する外部不経済の内部化のための手法として一般的な，廃棄物税や使い捨て容器包装に対するデポジット制度の実施可能性はほとんどなかった。廃棄物税を含む環境税導入には国民的な議論が必要であり，このケースのように，短期間のうちに何らかの対策が求められている状況での導入は困難であった。さらに，ドイツの主要経済団体による容器包装への廃棄物税導入への強い反対は，その困難さに拍車をかけていた。また，ドイツの主要経済団体は，使い捨て飲料容器に対するデポジット制度にも反対していた。

　一方，デュアル・システムは，産業界に新たな経済的な負担を強いるという点で廃棄物税やデポジット制度と同様である。しかし，廃棄物税およびデポジット制度と異なり，デュアル・システムは，容器包装廃棄物分野における新たな市場を創出するものであった[20]。したがって，本事例は拡大生産者責任導入の先進例という環境政策としての一面をもつ一方で，廃棄物回収・

分別の民営化を行う経済政策であると同時に，リサイクル産業の発展を意図した産業政策でもあり，その意味で，環境政策と経済政策および産業政策が統合されていたということができる。しかし，BMUと主要経済団体がめざす政策統合のあり方には微妙なずれがあった。そのずれが顕在化するのが，次節以降でみる公聴会以降の時期である。そして，そのずれのゆえにBMUによって容器包装令草案が修正されることになる。

第2節　公聴会の概要

　BMU主催の容器包装令草案に関する公聴会は，1990年8月7日にボンで開催された。この公聴会は，規制令制定に際しての関係団体からの意見聴取実施を定めた1986年廃棄物法16条に基づき開催されたものである[21]。参加団体数は130であり，その内訳は経済団体，化学・金属・ガラス・紙・農業・食品・飲料・ビール醸造・流通・廃棄物処理等の業界団体，労働・市町村・環境保護・消費者保護団体，連邦環境庁（Umweltbundesamt: UBA）[22]，そして隣国フランスの経済団体，飲料業界団体などであった。
　本公聴会で議論の対象となったのは，BMUが起草した1990年6月11日付の容器包装令草案であり，公聴会でおもな議論の的となったのは，6月11日付草案の6条，7条，8条，11条であった。
　草案6条は，最終消費者が使用済みの販売包装に対して，店頭での回収を販売者に義務付けている。ただし，この義務は，各世帯近傍で使用済み販売包装を毎週回収するシステムが設立され，それを所管官庁が確認した場合には課されない。草案7条では，使い捨て飲料容器の販売者は，最終消費者から空になった容器を回収する義務を負うと定められていた。草案8条は，使い捨て飲料容器の充填者と販売者は，1容器当たり0.50マルク[23]のデポジット額を購入者から徴収する義務を定めたものである。そして，各世帯近傍で使用済み販売包装を毎週回収するシステムが設立され，それを所管官庁が確

認した場合には7条および8条に記された使い捨て飲料容器に対する回収・デポジット徴収義務が免除されると定めたのが，草案11条である。

　公聴会での議論は，一般に，議事録あるいは録音テープというかたちで保管されることもある。しかし，容器包装令に関する公聴会に関してはそれらの資料の存在を確認することはできなかった。そこで，以下では，参加団体が提出した意見書（未公刊文書2）を利用して，公聴会での議論内容をみてみたい[24]。この意見書は，公聴会に先立ち各参加団体がBMUに提出したものである。公聴会での各参加団体の発言は，基本的には彼らが提出した意見書に基づくため，いささか冗長ではあるが，意見書を通じて各団体の見解を理解することができる。

　公聴会でのおもな争点は，テプファーとラムスドルフの水面下交渉でも議論の中心であった店頭回収義務と使い捨て飲料容器に対するデポジット義務の導入に関してであった。以下では，意見の違いが鮮明になるデュアル・システムへの賛否に基づき，デュアル・システムへの賛成あるいは条件付き賛成という賛成派，反対派の二つに各団体の見解を分類する。なお，デュアル・システム賛成派の見解はおおむね同様なので，主要な意見・団体のみをとりあげる。一方，デュアル・システム反対派の理由は多様なため，その内容については第4節で詳しくみる。公聴会に参加した団体のうち，第4節でとりあげるビール等の飲料業界，環境保護団体，フランスの業界団体を除く大多数がデュアル・システムに程度の差こそあれ賛成であった。

第3節　デュアル・システム賛成団体の見解

　デュアル・システム設立の旗ふり役であるドイツ産業連盟（BDI）とドイツ商工会議所（DIHT）は，当然のことながらデュアル・システム設立に賛同していた。両者は独自に意見書を提出したが，それぞれの内容には共通する部分が多い。すなわち，店頭回収および回収・デポジット義務の免除に関

する規定には賛同するが，容器包装令を単に政治的な動機から拙速に発効すべきではなく，発効期日（6条に関しては1991年7月1日，7条および8条に関しては1992年1月1日）を延長すべきというものである。また，両者とも店舗での販売包装の回収に対して，食品成分の残りかすに由来する衛生上の問題，さらに小規模および市街地の店舗における回収廃棄物の保管スペース確保の困難さから反対した。このような理解のゆえに，DIHTは，容器包装令を郊外に出店している大規模事業者を優遇するものとして批判した。なお，BDIは，関係業界が「廃棄物の二元処理構想」の具体化を議論しているさなかに規制令を導入することに反対していた。また，BDIは当時の廃棄物処理能力[25]が十分でないことを懸念していた。

有力な業界団体である化学産業連盟（Verband der Chemischen Industrie e.V.：VCI）も，免除規定があれば回収義務には賛同するという立場であった。VCIは，デュアル・システムは地域別ならびに産業セクター別に段階的に導入されるべきとの考えも示した。卸売業界および金属業界も，使い捨て容器包装の回収・デポジット義務導入に反対であり，デュアル・システム設立に賛成という立場であった（章末の〔資料〕を参照）。

なお，連邦環境庁（UBA）も意見書を提出している。草案は基本的にBMUとUBAとの協議のもとで起草されたゆえ，草案の目的と内容は完全にUBAの意向に沿っているとし，文言修正に関する意見が中心であった。したがって，BMUがUBAと草案に関して合意形成をはかっていたことがうかがわれる。そのほか主だったものとしては，マテリアル・リサイクル[26]がサーマル・リサイクル[27]に優先されるべきであるという指摘である。この指摘は，のちに第5節1でみるように，公聴会後のテプファーによる修正提案に生かされたかたちになった。

プラスチック業界5団体（Fachgemeinschaft Gummi- und Kunststoffmaschinen im VDMA, Gesamtverband kunststoffverarbeitende Industrie e.V., Industrieverband Verpackung und Folien aus Kunststoff e.V., Industrieverband Kunststoffbahnen e.V., Verband Kunststofferzeugende Industrie e.V.）の見解は，条件付き賛成とも受け取る

ことができるが，基本的にはデュアル・システム賛成である。1990年7月24日付の声明によれば，既存の回収・分別システムを残す，マテリアル・リサイクル，ケミカル・リサイクル，サーマル・リサイクルといった方法からいずれを選ぶかはリサイクル業者の裁量に委ねる，デュアル・システムのコストは最終的に商品化する主体が負担し廃棄物の処理コストは消費者が負担する，といった条件が満たされればデュアル・システムに賛成という立場であった。また，同年7月26日付の声明では，基本的にはBDIの見解に同意すると述べている。

このほか，紙製液体食品容器包装協会，プロ・カートン（欧州カートン促進協議会）などの紙類業界は，条件付きでデュアル・システムに賛成であった。当時のドイツでは，他の容器包装材と比較して古紙の回収・リサイクルは進んでいた。そのため，紙類業界はデュアル・システム設立による既存の古紙回収・リサイクルシステムの崩壊と，紙類と他の容器包装材を一括回収するとされたデュアル・システムにおける古紙の品質低下を懸念した。そして，これらの懸念が払拭されるのであれば，デュアル・システムに賛成するという立場であった。また，地方自治体での廃棄物処理業務の担い手の一つであったベルリン都市清掃企業は，廃棄物の発生抑制よりもリサイクル推進をめざしたデュアル・システムの性格を看破していたが，自治体の廃棄物処理部門とデュアル・システムが共存できるのであれば，デュアル・システムを容認するという姿勢であった（章末の〔資料〕を参照）。

第4節　デュアル・システム反対団体の見解

容器包装令案に反対の団体の考えは，一様ではなかった。すなわち，リターナブル飲料業界は，リターナブル・システムの崩壊を招くデュアル・システムを批判したが，その関心はリターナブル飲料容器保護のみに特化しており，容器包装廃棄物の包括的な削減をめざしてはいなかった。そして，リタ

ーナブル容器を利用する飲料業界は，デュアル・システムの設立によるビール容器等のデポジット義務免除には反対であった。ただし，ビール容器等のリターナブル率を90％にするのであれば容器包装令に賛成という，条件付き賛成にも分類される団体も散見された。一方，環境保護団体は，リターナブル飲料容器の利用促進のみならず容器包装廃棄物全体の発生抑制をめざしていた。さらに，容器包装令は貿易上の障壁になると訴えたフランスの業界団体，そして，以上の団体とも異なる民間研究所ifeuが，容器包装令草案反対派に分類される。

1．リターナブル飲料容器使用業界による反対意見

リターナブル飲料容器を利用している企業により構成されているドイツミネラルウォーター連盟（Verband Deutscher Mineralbrunnen e.V.: VDM, 所在地ボン）[28]は，使い捨て容器包装よりもリターナブル容器のほうが環境負荷が小さいという立場に立っていた。それゆえ，草案11条における回収・デポジット義務の免除は，流通業者に使い捨て容器を選択するインセンティブを与えてしまうと考えていた。また，デュアル・システム参加商品に添付されるグリューネ・プンクト（Grüne Punkt）[29]と呼ばれるマークが環境にやさしいものであるかのような印象を与えてしまうため，使い捨て容器とリターナブル容器の環境上の効果の違いが消費者に認識されにくい点も危惧していた。その結果，既存のリターナブル・システムが不安定になると考えた。そして，彼らの提案の一つは，回収およびデポジット義務の免除を定めた11条をリターナブル率を悪化させないという条件で適用することであった。

バイエルン州のビール醸造業が零細であり，当時も容器としてリターナブル瓶や樽を使用していたことは，第1節2でみたとおりである。同州のビール醸造業界の団体であるバイエルンビール連盟（Bayerischer Brauerbund e.V.: BB，所在地ミュンヘン）は，調査会社ACニールセンのデータを添付してリターナブル・システムが窮状に陥っていることを訴えた（表5－1参照）。

表5－1　飲料容器におけるワンウェイ容器の流通割合

(％)

地域名	1982年	1987年	1988年	1989年
北ドイツ	23.8	29.5	29.7	30.4
ノルトライン・ヴェストファーレン	7.3	10.4	10.6	10.8
中央ドイツ	12.8	15.9	16.6	18.5
バーデン・ヴュルテンベルク	14	15.9	15.5	16.1
バイエルン	6.5	8	8.8	9.5
西ベルリン	49.9	53.4	52.8	54.5
全国	13.8	16.9	17.3	18.2

（出所）Bayerischer Brauerbund e.V. の公聴会意見書より筆者作成（未公刊文書2所収）。
（注）アルディ（巨大ディスカウントストア・チェーン），キオスク，ガソリンスタンドを除く。

　このデータは，使い捨て容器をおもに扱っているアルディ[30]，キオスク，ガソリンスタンドを除く統計であり，そこに事態の深刻さがうかがわれる。

　また，1990年の1月から5月にかけてのビール容器のリターナブル率が，前年の同じ期間に比べて24％も低下したというデータも本団体の意見書で示されていた。バイエルンビール連盟は，高いリターナブル率が実現されているビール，清涼飲料水，ミネラルウォーターに関して，回収・デポジット義務の代替措置としてのデュアル・システム導入に反対した。その背景には，デュアル・システムは既存のリターナブル・システムを崩壊させるという認識があった。ただし，連邦政府がビールに関しては90％といったリターナブル率を定め，それが維持される場合には回収・デポジット義務の適用を見合わせるという，VDMとほぼ同様の提案を行っている。そして，バイエルンビール連盟は，「連邦政府によって定められたリターナブル率の目標値が維持されているかぎりにおいて，7条および8条の規定を適用しない。」との文言を草案の11条に挿入することを求めた。VDMとBBが求めた回収・デポジット義務の免除要件としてのリターナブル率導入は，9月下旬にBMUから提案された修正草案に結果として生かされたといえる。

　中規模個人ビール醸造業組合連邦連合会，ドイツ飲料小売業連合会も，同様の理由から，使い捨て容器に対する回収・デポジット義務の代替措置とし

てのデュアル・システム導入に反対であった（章末の〔資料〕を参照）。ビール醸造業界の草案批判の背景には，単に環境要因のみならず，伝統的にリターナブル容器を利用してきた中小のビール醸造業の経営を使い捨て飲料容器の増加が圧迫するという経済的要因も看取できる。

　なお，中規模個人ビール醸造業組合連邦連合会は，次の理由からデュアル・システムの導入は廃棄物問題をさらに悪化させるとした。もし，デュアル・システムの始動によりリターナブル・システムが崩壊すれば，リターナブル・システムで現在扱われている容器がデュアル・システムによって回収されることになる。その場合，デュアル・システム導入後の廃棄物回収量はリターナブル容器の分だけ増える。その結果，廃棄物量がデュアル・システムの処理能力を超え，分別やリサイクルができない事態が生じ，デュアル・システムも崩壊するであろう。したがって，デュアル・システムは，長期的には廃棄物問題の危機的状態をもたらすとされた。さらに，デュアル・システムの構築には数年かかるうえ，デュアル・システムのコストは想定額を超えると予想されるため，デュアル・システムは現実的ではないとも批判した。

2．環境保護団体および消費者団体による反対意見

　ドイツ環境・自然保護連盟（Bund für Umwelt und Naturschutz Deutschland e. V.: BUND）は，草案は発生抑制ではなくリサイクルに偏っていると批判した。すなわち，リサイクル以前にリターナブル容器包装利用促進を含むさまざまな手法による発生抑制・減量化が行われなければならないが，草案にはそのような取り組みは盛り込まれていない。デュアル・システムは，焼却炉，発電所，セメント工場などでの廃棄物焼却を進めるものであり，BUNDの意見書作成者のアンドレアス・フーサー（Andreas Fußer）によればデュアル・システムは新たなリサイクルにまつわる虚構を生み出すものとされた。

　BUNDは，再包装[31]と輸送包装に関する流通業者による回収の義務付けについては評価していた。その一方で，BUNDの草案への批判は多岐にわたる。

その詳細を列挙すれば，次のとおりである。

- 大量販売する飲料はすべてリターナブル容器を利用する。
- 容器包装材として使用可能なプラスチックは2ないし3種類に限定し，ポリ塩化ビニル樹脂（塩ビ）（PVC）は容器包装材には認めない。
- エネルギーおよび資源に対する環境税・課徴金を導入する。
- 回収義務を自動車，電子機器，白物家電製品にも拡張する。
- 工場の焼却炉および発電所での廃棄物焼却の許可を取り消す。
- 容器包装廃棄物を含む廃棄物のリサイクルは自治体の管理のもとで行う。
- 発生抑制＞マテリアル・リサイクル＞サーマル・リサイクル（焼却）という優先順位をつける。
- 販売包装の回収義務をデュアル・システム創設により免除すべきではない。さらに，この回収義務は，デュアル・システムを事業者に創設させるための脅しの手段にすぎない。
- デュアル・システムは，一見したところでは異論をはさむ余地はなさそうだが，エネルギー消費，大気汚染，ダイオキシン発生に関する問題と環境リスクが潜む。ゆえにリサイクルは発生抑制やリユースがもはやできない場合にのみ行うべきである。
- 一律2ペニヒ[32]というグリューネ・プンクト料金は，小額であり，材料種毎の実際の環境負荷に応じたものとすべきである。
- グリューネ・プンクトは，消費者に対してエコロジー的によいものであるかの誤解を与えてしまう。リターナブル容器と使い捨て容器を比較した場合，使い捨て容器にエコロジカルな印象を与えるグリューネ・プンクトがついていると，消費者はリターナブル容器ではなく使い捨て容器を選択してしまうと考えられる。
- デュアル・システムで回収された廃棄物の国外への輸出も懸念される。

そのほか，消費者団体連合会も，容器包装廃棄物の発生を抑制しないという理由からデュアル・システムに反対した（章末の〔資料〕を参照）。

3．民間研究機関による反対意見

エネルギー・環境研究所ハイデルベルク（Institut für Energie- und Umweltforschung Heidelberg e.V.: ifeu）は，ハイデルベルクにある民間研究所であり，環境税などの重要な政策課題に対して提言を行っていることは諸富らによっても指摘されている（諸富・植田 1994）。その ifeu の批判は，ビール醸造業界や環境保護団体とは異なる視点からなされている。ifeu は，デュアル・システムを1990年当時に導入することには否定的であった。このようなシステムを導入した場合，導入後の実態は当初の想定とは異なることが多いので，問題回避のために事前にパイロット事業を実施する必要があるというのが，その理由であった。

すなわち，ビール醸造業界のように回収・デポジット義務を導入すべきという立場ではなく，きわめて実践的な立場から，ifeu は拙速なデュアル・システム導入に警鐘を鳴らした。また，デュアル・システムによって回収される廃棄物の品質の悪さも危惧された。さらに，デュアル・システムが全国に導入された場合に，すでに各地で十分に機能している廃棄物処理システムを崩壊させることになるという点も指摘された。その結果，ifeu 周辺の専門家もデュアル・システムの導入に関しては意見が分かれるというものであった。

4．フランスの業界団体による反対意見

フランス大使館の仲介のもと，フランスの牛乳業界，ワイン醸造業界，プラスチック製造業界，ガラス業界の4団体が公聴会に出席した。これらの団体のおもな見解は，容器包装令は貿易上の障壁になる，容器包装に関するEC指令との整合性が問題であるというものであった。

第5節　公聴会後の草案修正をめぐる動向

1．テプファーによる修正提案

　世論の関心が高い公聴会の内容は，開催当日の8月7日，そして翌8日の新聞各紙で報道された。公務員労働組合による批判が紹介される一方で，主要経済団体のデュアル・システムへの賛同が報じられた[33]。しかし，8月10日開催の報道関係者を対象にした記者会見席上で，テプファーが次の3点に関する草案の修正を表明して以来，新聞報道の焦点はその内容紹介に移った[34]。

- a．店頭回収と同程度の回収率が保証されるのであれば，消費者が容器包装廃棄物を回収拠点まで持参するシステム（持ち込みシステム）も認める。
- b．飲料容器分野において，現状の70％というリターナブル率を維持あるいは上昇させる。
- c．容器包装廃棄物リサイクルにおいて，マテリアル・リサイクルを焼却に優先させ，焼却は有害物質含有の容器包装に限る。

　あわせて，1990年内までとされていた連邦議会会期（第11議会期）中の容器包装令成立をテプファーがめざしていること，新聞紙を含む古紙の回収に関する規制令制定をBMUが計画しているとも表明された。この記者会見は，テプファーが容器包装令制定に向けて積極的に取り組む姿勢のアピールにつながったと考えられる。

　さて，aはデュアル・システム賛成派の見解であり，彼らの意向に沿った修正である。そして，これは1990年5月のテプファーとラムスドルフの水面下交渉の内容に照らせば，BMUの既定路線でもあった。一方，bはビール

醸造業界の一部が求めた90％という値ではないものの，ビール醸造業界および環境保護団体の見解を，cはUBA，環境保護団体および消費者団体の見解を反映したとみなすことができる。したがって，BMUは満遍なく各界の見解を草案に反映させる意志表示をしたといえる。

2．容器包装令成立における州の重要性

このテプファーの修正提案bとcの背景には，州の意向があった可能性を本章では指摘しておきたい。ドイツでは廃棄物処理は州の責任で行われており，容器包装令は各州の閣僚によって構成される連邦参議院での議決をもって成立するため，州の影響力は大きい。実際，*Frankfurter Allgemeine Zeitung* 1990年8月11日付記事は，容器包装令草案を練り上げ，より厳しい内容にすることは連邦政府と連邦各州との調整のためとしている。

そこで，テプファー・BMUにとって州の意向の尊重が重要であった理由を，容器包装廃棄物問題解決に積極的に取り組んでいたバーデン・ヴュルテンベルク州の事例から考えてみたい[35]。バーデン・ヴュルテンベルク州は伝統的にCDUが強く，当時もCDU単独政権であり，容器包装令の連邦参議院での議決において同州の賛成票は不可欠であった。

すでに1989年12月18日に，バーデン・ヴュルテンベルク州は連邦参議院に容器包装分野での廃棄物量削減手法に関する連邦参議院決議案を提出している[36]。これは，廃棄物法14条に基づく具体策の導入を，連邦参議院が連邦政府に要求せよというものであった。この決議案は1990年3月16日開催の連邦参議院第610本会議において審議されたが，その際，同州はすべての飲料容器に回収・デポジット義務を課すことを提案した。この提案は，当時施行されていたプラスチック容器包装廃棄物に関する規制令（プラスチック令）が，プラスチック製飲料容器のみに回収・デポジット義務を課す不十分なものであるとして，回収・デポジット義務の全飲料容器への拡張を求めたものであった。バーデン・ヴュルテンベルク州によれば，プラスチック令の導入によ

り，コスト削減をねらった生産者がプラスチック容器から，使い捨てのガラス容器へ乗り換えた事例があったとのことである。

当時，廃棄物の国外での処理に依存していたバーデン・ヴュルテンベルク州をはじめとする諸州では，国外での処理が高コストであることや，海外での廃棄物受け入れが拒否される事態が生じたことから，廃棄物の行き場を失い，その状況は廃棄物の非常事態とも称された。こういった深刻さに拍車をかけたのが，1989年頃よりにわかに現実味を帯びてきたドイツ統一であった。なぜならば，旧東ドイツは，旧西ドイツのほとんどの州にとって，主要な廃棄物輸出先であったからである。

東ドイツへの廃棄物輸出に依存していた州にとって，ドイツ統一による東ドイツの消滅は，自州の廃棄物の行き場を完全に失うことを意味していた。なぜならば，ドイツ統一後には，旧西ドイツよりも安全基準が緩い旧東ドイツ地域の廃棄物処理施設[37]への廃棄物の搬入が正当化されにくくなるうえ，思いがけない政治上の変革の結果，西ドイツからの廃棄物を受け入れるという旧東ドイツ地域における社会的受容が，劇的に失われると考えられたためであった（Rat von Sachverständigen für Umweltfragen 1991, 130）。西ドイツで発生した廃棄物の処理が貴重な外貨獲得手段であった東ドイツ政府[38]が消滅し，旧東ドイツ地域でも廃棄物処理施設をめぐる抗議運動が自由に行われるようになれば，同地域での廃棄物処理が難しくなるのは当然の帰結といえよう。

もともと西ドイツの廃棄物が国外で処理されていたのは，単に西ドイツ国内の処理容量の少なさによるのではなく，人件費を含めたリサイクルコストの高さにもあった（Rat von Sachverständigen für Umweltfragen 1991, 125）[39]。裏を返せば，低コストでの処理が可能で隣接する東ドイツは，西ドイツにとって格好の廃棄物処分場であったといえる。その結果，ドイツ統一は，旧西ドイツ諸州が保革を問わず，BMUに対して実効性ある廃棄物政策の導入を求める一つの契機となった。

そういった状況のなかで，バーデン・ヴュルテンベルク州は，容器包装令6月11日付草案に関する意見書を1990年7月17日付でBMUに送付していた

（未公刊文書3）。その7頁に及ぶ詳細な意見書における主要な修正要求は，リターナブル飲料容器の利用促進とサーマル・リサイクルに対するマテリアル・リサイクルの優先に集約される。この修正要求はエコロジー的な理由からのものとされている。そして，デュアル・システムは，容器包装廃棄物を焼却するという抜け道をつくるものではないかとの危惧が示されている。なお，本意見書に記されている修正要求は，1990年6月20日および21日にマインツで開催された連邦と州の担当者会談の際に，基本的にすべての州の間で共有されたものものであると申し添えられている。

さらに，保守政党CSUの単独政権下にあったバイエルン州は，第1節2でみたように飲料容器のリターナブル・システム維持を重視していた。したがって，草案の使い捨て飲料容器のデポジット義務に関してはCDUやFDPとは異なる見解であった。当時，連邦参議院における45の投票権のうち，バーデン・ヴュルテンベルク州とバイエルン州にはそれぞれ5票が配分されていた（大西編1982, 88）。したがって，これらの州の投票行動が容器包装令成立を大きく左右する状況にあった。

その後，1990年9月10日付草案の3条3に，容器包装はマテリアル・リサイクルされることとの文言が追加された（未公刊文書4）。この規定はのちに1条に移されたものの，成立した容器包装令にもそのまま含まれている。また，リターナブル率については，奇しくもDSD社の設立日である1990年9月28日付の草案において，72％というリターナブル率が盛り込まれ，そのまま成立に至った[40]。

おわりに

BMUにとって公聴会は，実質的な議論の場である必要はなかった。容器包装令成立が具体化しており，デュアル・システム設立も間近になっている状況が公聴会後の報道により，広く周知されることにこそ意味があったと考

えられる。さらに，バーデン・ヴュルテンベルク州やリターナブル飲料業界などからの草案批判は，すでに7月中にはBMUのもとに届いていたが，それらをふまえて草案修正の意思表示をするには，関係者のさまざまな意見が出揃うとともに，世論の関心が高まる公聴会終了直後が絶好のタイミングであった。

　BMUにとって容器包装令成立のために重要な要件は，実質的に二つあったということができる。一つは，関係する業界および主要経済団体によるデュアル・システムの設立であった。それは，公共部門が回収・分別する廃棄物から容器包装廃棄物を除外することで，公共部門が処理する廃棄物量を著しく減少させ，州の廃棄物非常事態の解消に貢献しうる[41]。いま一つは，当然のことながら容器包装令が議会で可決されること，すなわち，州政府の閣僚によって構成される連邦参議院で賛成を得ることであった。そのためには，州側が要求していた飲料容器のリターナブル率維持をめざすとともに，主要経済団体の提案のままでは容器包装廃棄物の焼却を著しく進めかねないデュアル・システムに対して，州の要求通りにマテリアル・リサイクルを課すことが必要であった。

　ここで，第1節5の小括で述べた政策統合の視点からみた本事例の実態について，公聴会の分析をふまえてあらためて考えてみたい。容器包装令の事例は，一見したところ，先発の公共政策である経済政策や産業政策の網の目をかいくぐって，後発の公共政策である環境政策が推進され，さらにのちに拡大生産者責任と称される環境政策上の政策理念の創造にまで至ったように思われる。しかし，本章でみたように，このドイツの容器包装廃棄物政策の実体は，廃棄物回収・分別の民営化を進める経済政策であり，リサイクル産業の発展を意図した産業政策でもあり，環境政策と経済政策・産業政策が統合された政策である。

　このように，環境政策とされていたものが実際には経済政策・産業政策としての性格をもっていたことが，他国に先駆けたドイツでの容器包装廃棄物政策，ひいては拡大生産者責任の導入の背景となっていたということができ

る。経済政策と産業政策の統合により「環境政策」を進めるという点では，BMUとドイツ産業連盟（BDI）・ドイツ商工会議所（DIHT）といった主要経済団体は一致していたと考えられる。ただし，後発の公共政策である環境政策と，先発の公共政策である経済政策・産業政策とのブレンドの方向性は，BMUと主要経済団体では異なっていた。

　そして，BMUと主要経済団体がめざした政策統合の有り様のずれは，公聴会後のテプファーによる修正提案を通して浮き彫りになった。すなわち，主要経済団体がめざしたのは，BMUによる目標や制約が設定されない状況のもとでの，リサイクル推進による環境政策と経済政策・産業政策の統合である。一方，BMUがめざしたのは，リターナブル率という目標設定によるリユースの推進と，マテリアル・リサイクルの優先という枠組みのなかでの環境政策と経済政策・産業政策の統合であったということができる。つまり，BMUの修正によりドイツの容器包装廃棄物政策は，いくらか環境保全色を強めた。テプファー・BMUサイドが，デュアル・システムに処理責任の所在を移すことで公共部門が処理すべき廃棄物量を劇的に削減するという「即効性」[42]ある廃棄物対策を基本としつつも，容器包装令成立の鍵を握り，廃棄物問題に頭を悩ませていた州の要求に配慮しなければならない事情が，BMUと主要経済団体の姿勢の違いを生んだといえる。

　本書のテーマの一つは，後発の公共政策である環境政策の展開過程への注目であった。この点に立ち返れば，本章における事例研究は，先発の公共政策とのせめぎあいのなかで，「環境政策」と称される政策が環境保全のみに特化していないことを示している。今日，途上国において経済開発と並行して，さまざまな環境政策が進められている。後発の公共政策である環境政策の推進がとりわけ困難な途上国において，環境政策は文字通り環境保全を実現するものであるか，それとも環境政策という衣装をまとった経済政策・産業政策であるのかといったその内実を注意深く見極めることの重要性を本章は示唆している。そのような見極めは，政策上の協力関係にある国々にとっての基本情報になるだけでなく，当該政策の実施国内部において対抗的な環

境政策の提案をするうえでのてがかりを与えるものでもある。

　　　　〔謝辞〕　本章の執筆に際して，他章の執筆者の方々ならび
　　　　に匿名の査読者の方々から貴重なご教示をいただいた。記
　　　　して，感謝申し上げたい。

〔注〕────────────────
(1)本章において1990年のドイツ統一以前の時期において「ドイツ」と呼ぶ場合には，旧西ドイツを指す。
(2)容器包装令の書誌情報は，参考文献欄（ドイツ法令資料）を参照。容器包装令は，規制令（Verordnung）の一つである。日本の規制令は行政立法であり，議会での審議を経ないが，ドイツの規制令は議会にて審議される。したがって，容器包装令は日本の法律に相当するということができる。容器包装令の概要については，山田（1992），喜多川（2001）などを参照。
(3)その背景には，環境政策研究において歴史的な研究がほとんどなされない状況がある。そういった状況をふまえて，環境政策に関する歴史研究（環境政策史）の重要性を説いた文献として喜多川（2013b）がある。
(4)通常，連邦環境省と称されるが，正式名称は，ドイツ連邦環境・自然保護および原子炉安全省であり，環境行政および原子力行政を所管している。1986年4月のチェルノブイリ原発事故を受けて，同年6月に連邦環境省（BMU）は設立された。BMUの初代大臣はキリスト教民主同盟（CDU）のヴァルター・ヴァルマン（Walter Wallmann）である。
(5)この種の環境政策の展開と，ゴールドマン（2008）が言うところの「グリーン・ネオリベラリズム」およびChristoff（1996）が指摘した「弱いエコロジー的近代化（weak ecological modernisation）」には共通する点が多い。この点については，別稿にて論じたい。
(6)テプファーは1987年5月にBMUの2代目大臣に就任した。彼は，地域開発政策分野の大学教授も務めたCDU所属の政治家である。
(7)容器包装令において，販売包装とは最終消費者のもとでその機能を終える使い捨て容器包装を指し，ガラス，紙，ブリキ，プラスチック，アルミニウムなどの素材によるものである。
(8)デポジットとは預り金を意味し，製品本来の価格に預り金（デポジット）を上乗せして販売し，消費されて不要になった製品を所定の場所に返却する際に預り金が購入者に返却される制度を，デポジット制度と呼ぶ。
(9)容器包装令では，容器包装の素材ごとにリサイクル率が定められている。た

とえば，1993年1月1日までにガラスは42％，プラスチックは9％，1995年7月1日までにガラスは72％，プラスチックは64％の達成が義務付けられた。詳細な値については，喜多川（2001, 67）を参照。

(10) 以下，本章では，ドイツ産業連盟（BDI）とドイツ商工会議所（DIHT）を総じて，主要経済団体と称す。

(11) *Die Zeit* vom 25. Januar 1985.

(12) *Der Spiegel*, Nr. 8 vom 17. Februar 1986, S.27, *Die Zeit* vom 25. Januar 1985.

(13) ツィママンがめざした使い捨て飲料容器に対するデポジット制度は，第1節1で触れたとおり，事業者側によってリターナブル率が達成されなかった場合のいわば罰則として，1991年制定の容器包装令に盛り込まれた。

(14) *Der Spiegel*, Nr.8 vom 17. Februar 1986, S.27.

(15) Bekanntmachung der Zielfestlegungen der Bundesregierung zur Vermeidung, Verringerung oder Verwertung von Abfällen von Verkaufsverpackungen aus Kunststoff für Nahrungs- und Genußmittel sowie Konsumgüter vom 17. Januar 1990, in: *Bundesanzeiger*, S.513.

(16) *Frankfurter Rundschau* vom 7. August 1990.

(17) *Frankfurter Allgemeine Zeitung* vom 17. April 1990.

(18) *Der Spiegel*, Nr.15 vom 10. April 1989, S.36-56. なお，容器包装令の制定などの成果をあげたテプファーは，その後，連邦建設大臣を経て，国連環境計画の事務局長に就任した。

(19) SPD（1990）および Deutscher Bundestag, Drucksache 11/1927 (neu), 1. 6. 1988 を参照。

(20) この点に関しては渡辺（2014）を参照。渡辺氏の詳細なご教示に対して，記して感謝したい。なお，1990年当時は，廃棄物の回収・分別はローカルなビジネスであったが，今日では Sims Recycling Solutions のような多国籍廃棄物処理企業も登場している。日本の環境省はようやく2011年度より，日本の静脈産業の海外での事業展開支援を行う「日系静脈産業メジャーの育成・海外展開促進事業」に着手したところである。

(21) ドイツでは，このような行政機関によるもの以外に，連邦議会が開催する公聴会が存在する。連邦議会主催の公聴会は，議会少数派の要求により開催されることが多い。連邦議会主催の公聴会については Ismayr（2001, 407-412）を参照。

(22) 連邦環境庁（UBA）は，連邦の環境行政をつかさどる BMI を学術的側面から支える組織として1974年7月に設立された。その後，1986年に BMI の環境部門が母体となり BMU が新設されて以来，UBA は BMU に属する連邦行政機関となり，BMU をはじめとする連邦政府を学術的な側面から支援する組織として位置付けられている。BMU と比較した場合，UBA は研究色が強いという

(23)1990年当時，1 ドイツ・マルク＝80円前後であった。
(24)この公聴会意見書に関するより詳細な記述としては，喜多川（2012）を参照されたい。
(25)廃プラスチックに関する処理能力を指すものと思われる。
(26)マテリアル・リサイクルとは，使用済の製品に粉砕・洗浄などの処理を施して，新たな製品の原料として再利用することである。
(27)サーマル・リサイクルとは，廃プラスチックを焼却して熱エネルギーとして再利用することである。
(28)リターナブル飲料容器を利用しているミネラルウォーターおよびビール醸造業界に関しては，たとえばバイエルン州の団体といった地域性がその見解にも反映されると考えるため，各団体の当時の所在地も併記した。
(29)グリューネ・プンクトは料金であると同時に，デュアル・システムにより回収・分別される販売包装に貼付されるマークでもある。グリューネ・プンクト料金については，喜多川（2001, 67-74）を参照。なお，グリューネ・プンクトのデザインは，緑色の二つの矢印が循環して円を描いているものである。本来，グリューネ・プンクトは，その容器包装が使い捨て販売包装であること示すものであるが，第4節で述べる通り，このマークはエコラベルのような誤解を消費者に与えると批判された。
(30)アルディ（Aldi）は，ドイツ発祥の巨大ディスカウントストアである。
(31)再包装とは，セルフサービスや窃盗防止のために販売包装に付加されるプラスチック，紙製などの包装をさす。
(32)1 ペニヒ＝1/100マルクであった。
(33)例えば，*Die Welt*, 1990年8月7日，*Handelsblatt*, 1990年8月7日および8月8日，*Frankfurter Allgemeine Zeitung*, 1990年8月7日，*Frankfurter Rundschau*, 1990年8月7日を参照。
(34)*Handelsblatt*, 1990年8月13日，*VWD Europa*, 1990年8月13日，*Frankfurter Allgemeine Zeitung*, 1990年8月11日，*Die Welt*, 1990年8月11日，*Frankfurter Rundschau*, 1990年8月11日を参照。
(35)以下，バーデン・ヴュルテンベルク州に関する記述は，喜多川（2012）を参照。
(36)ドイツ連邦参議院議会文書 BR-Drs. 734/89, 18. 12. 1989.
(37)東ドイツの埋立処分場やごみ焼却施設の環境対策および管理が極めて不十分である実態についてはペッチョウほか（1994, 107-112）を参照。そこでは，環境法令の不備，埋立処分場からの漏水の危険性，焼却炉における大気汚染防止対策の不備，測定・分析技術の不足のため環境監視が不可能であることなどが列挙されている。

(38) 東ドイツは，特別廃棄物，家庭廃棄物，建設廃棄物の輸入で約10億マルクの収入があった（ペッチョウほか1994, 112）。
(39) たとえば，当時，東ドイツでは1トンの特別廃棄物の処理を150マルクで引き受けていたが，西ドイツでは300〜4000マルクの費用がかかった（ペッチョウほか1994, 114）。
(40) BMUからの働きかけを受けた主要経済団体は，様々な業界団体と共に，容器包装令の制定以前の1990年9月28日にデュアル・システムを設立した。デュアル・システムの設立は，主要経済団体をはじめとするデュアル・システム推進派が，デュアル・システム設立見合わせも辞さないという姿勢を示すことで，リターナブル・システムの維持戦略に抵抗することがもはやできなくなったことを意味していた。そのため，BMUはデュアル・システムが設立された絶好のタイミングで，草案へのリターナブル率導入を行ったことになる。
(41) 当時，公共部門が回収していた，家庭から排出される廃棄物のうち，容器包装廃棄物は体積比で50％，質量比で30％を占めていた（Henselder-Ludwig 1992, 9）。
(42) なお，この「即効性」は，廃棄物問題の根本的な解決にはつながってはいない。

〔参考文献〕

＜日本語文献＞
大西健夫編 1982.『現代のドイツ――政治と行政――』三修社.
喜多川進 2001.「ドイツの容器包装リサイクル・システム」および「容器包装リサイクル・システムの日独比較」植田和弘・喜多川進監修『循環型社会ハンドブック』有斐閣 64-79.
―――2012.『ドイツ容器包装廃棄物政策史研究1970－1991』京都大学博士学位論文.
―――2013a.「ドイツ容器包装廃棄物政策に関する環境政策史的考察」寺尾忠能編『環境政策の形成過程――「開発と環境」の視点から――』日本貿易振興機構アジア経済研究所 129-174.
―――2013b.「環境政策史研究の動向と可能性」『環境経済・政策研究』6(1)：75-97.
工藤章 1999.『20世紀ドイツ資本主義――国際定位と大企業体制――』東京大学出版会.
ゴールドマン，マイケル 2008. 山口富子監訳『緑の帝国――世界銀行とグリーン・ネオリベラリズム――』京都大学学術出版会（Goldman, Michael.

Imperial Nature: The World Bank and Struggles for Social Justice in the Age of Globalization. New Haven: Yale University Press, 2005）.
住沢博紀 1992．「新しい社会民主主義と改革政治の復権」住沢博紀ほか編『EC 経済統合とヨーロッパ政治の変容——21世紀に向けたエコロジー戦略の可能性——』河合文化教育研究所　186-249.
坪郷實 1991.『統一ドイツのゆくえ』岩波書店.
古内博行 2007．『現代ドイツ経済の歴史』東京大学出版会.
ペッチョウ，ウルリッヒ　ユルゲン・メイヤーホフ　クラウス・トーマスベルガー 1994．白川欽哉・寺西俊一・吉田文和訳『統合ドイツとエコロジー』古今書院（Petschow, Ulrich, Jürgen Meyerhoff, and Claus Thomasberger, *Umweltreport DDR: Bilanz der Zerstörung, Kosten der Sanierung, Strategien für den ökologischen Umbau: eine Studie des Institut für Ökologische Wirtschaftsforschung*. Frankfurt am Main: S. Fischer, 1990）.
諸富徹・植田和弘 1994．「ドイツにおける環境税制改革論争」『環境と公害』23(1)：19-28.
山田敏之 1992．「解説『市場経済』によるゴミの抑制・リサイクル——ドイツのゴミ政策——」『外国の立法』31(3)：45-56.
渡辺靖仁 2014．「稲作農家の豊かさ観の過去・未来とその影響要因——アンケート調査による接近——」『共済総合研究』(68)：20-47.

＜外国語文献＞
Christoff, Peter. 1996. "Ecological Modernisation, Ecological Modernities," *Environmental Politics*, 5(3): 476-500.
FDP（Freie Demokratische Partei）1990 "Lambsdorff: Duale Abfallwirtschaft gegen ÖTV-Interessen," *Fachinfo Abfall Die FDP- Bundestagsfraktion informiert*, Nr. 2928, Bonn, 28 September, 1990.
Henselder-Ludwig, Ruth. 1992. *Verpackungsverordnung: VerpackV; Textausgabe; mit einer Einführung, Anmerkungen und ergänzenden Materialien*, 1. Auflage, Köln: Bundesanzeiger.
Ismayr, Wolfgang. 2001. *Der Deutsche Bundestag im politischen System der Bundesrepublik Deutschland*, 2. Auflage, Opladen: Leske und Budrich.
Lambsdorff, Otto Graf. 1990a. "Duale Abfallwirtschaft statt Markteingriffe," *Handelsblatt*, 5./6. Januar 1990.
——— 1990b. "Lambsdorff: 20 Grosse Müllverbrennungsanlagen überflüssig," *Fdk tagesdienst*, 17. Mai 1990.
Michaelis, Peter. 1993. *Ökonomische Aspekte der Abfallgesetzgebung*. Tübingen: J. C. B. Mohr.

OECD (Organisation for Economic Co-operation and Development) 2004. *Economic Aspects of Extended Producer Responsibility*, Paris: OECD.
Rat von Sachverständigen für Umweltfragen. 1991. *Abfallwirtschaft. Sondergutachten. September 1990.* Stuttgart: Metzler-Poeschel.
SPD (Sozialdemokratische Partei Deutschlands) 1990. "Wir lassen uns nicht entwickeln: –Kampf dem Verpackungswahn!" *Die SPD im Deutschen Bundestag*, 20. April 1990.

＜未公刊文書＞

　ドイツ連邦公文書館所蔵の公文書に関しては，Bundesarchiv Koblenz（BA Koblenz），Bestände des Bundesinnenministeriums: B 106/21969などと請求記号のみの表記が通例であるが，本章で用いた連邦環境省の文書は，現用の文書であり今後破棄される可能性があるため，煩雑ではあるがその文書名についても表記した。

　文書1はドイツ連邦環境省によって管理されており，ファイル "WA II 4, 30114-1/3, Entwurf bis Kabinettsbeschluß, vom Okt.1990 bis 10.1990, Band 2" に収められている。
　文書2はドイツ連邦公文書館の管理下にあるファイル "B295/41315, 30 114-5, 12-BE, Verpackungs-VO, -Anhörung-, Mitwirkungsexemplare" に収められている。なお，各団体の意見書のタイトル等書誌情報は，煩雑さを避けるために省略した。
　文書3は，ドイツ連邦公文書館の管理下にあるファイル "B295/53545, 30 114-1/3 SB, vom 02/90 bis 06/90, Band 1" に収められている。
　文書4は，ドイツ連邦公文書館の管理下にあるファイル "B295/53546, 30 114-1/3 SB, vom 09/90 bis 10/90, Band 2" に収められている。

1. Referat WA II 3, <u>WA II 3 – 530 114 –1/7</u>, Refl.:MR Kreft, Schreiben des Herrn Ministers, Bonn, den 11. Mai 1990.
2. 容器包装令1990年6月11日付草案に関する公聴会における各団体意見書。
3. Ministerium für Umwelt Baden-Württemberg, Betr.:Entwurf einer Rechtsverordnung §14 Abfallgesetz über Vermeidung von Verpackungsabfällen; Bezug: Schreiben vom 11.06.1990, Az. WA II 3-530 114 – 1/7, Stuttgart, den 17.07.1990.
4. Bundesminister für Umwelt, Naturschutz und Reaktorsicherheit WAII3 – 530 114 – 1/7, Entwurf! Verordnung über die Vermeidung von Verpackungsabfällen (Verpackungsverordnung – VerpackVO) vom... 1990,（1990年9月10日付の送り状に添付）．

＜ドイツ法令資料＞

容器包装令　Verordnung über die Vermeidung von Verpackungsabfällen vom 12. Juni 1991（Bundesgesetzblatt I S. 1234）.

〔資料〕

＜容器包装令に関する公聴会に提出された意見書の概要（出典：未公刊文書２）＞

・協同組合卸・サービス業中央協会（Zentralverband der genossenschaftlichen Großhandels- und Dienstleistungsunternehmen e.V.: Zentgeno）

　流通業界の協同組合卸・サービス業中央協会の意見書は，ドイツ小売業連盟（Hauptgemeinschaft des Deutschen Einzelhandels: HDE）を含む流通分野の12業界団体の共同声明である。回収された容器の保管場所と対応する人員の確保が困難であることと公衆衛生上の問題から，回収・デポジット義務導入を批判した。そして，デュアル・システム創設を要求するという内容であった。

・非鉄金属協会（Wirtschaftsvereinigung Metalle e.V.: WVM）およびブリキ情報センター（Informations-Zentrum Weißblech e.V.: IZW）・金属包装協会（Verband Metallverpackungen e.V.: VMV）

　非鉄金属協会は，政府による強制的な手法には反対であり，市場を活用する手法に賛成という産業界の主流の考えである。一方，共同で意見書を提出したブリキ情報センターと金属包装協会は，金属業界はこれまでもリサイクルに努めてきたとして，回収・デポジット義務導入には反対であると主張した。デュアル・システムのもとで廃棄物の発生抑制が最大限なされるので，強制的手法よりもデュアル・システムを優先すべきという考えであった。そして，デュアル・システムで回収された金属系包装については，鉄鋼業界と協力してリサイクルを進めるという意向が表明された。

・ベルリン都市清掃企業（Berliner Stadtreinigungs-Betriebe）

　この団体は，デュアル・システムを廃棄物の発生を抑制するというよりもリサイクルを拡大するものであるととらえていた。その一方で，デュアル・システムが既存の自治体による廃棄物処理システムの発展を促すといった条件を満たせば，デュアル・システムを容認するという立場であった。この背景には，デュアル・システムが自治体の廃棄物処理システムに取って代わるものでなく両者の共存共

栄のねらいがあったと考えられる。

・プロ・カートン：欧州カートン促進協議会（Pro-Carton: The European Carton Promotion Association）

　この協議会は，欧州12カ国の紙箱製造・加工業者により構成される団体であり，本部はスイスにある。デュアル・システムでは紙類をそれ以外の素材と一緒に回収するため，リサイクルをするうえで重要な古紙の品質確保が難しいと批判した。そのため，ごみ排出時に可能なかぎり分別をすることの必要性を訴えた。と同時に，デュアル・システムが既存の古紙回収システムを脅かすことも危惧していた。

・紙製液体食品容器包装協会（Fachverband Kartonverpackungen für flüssige Nahrungsmittel e.V.: FKN）

　リターナブル容器は，洗浄用に大量の水を使用し，輸送時に大気を汚染する一方，使い捨て容器は，大気や水に関する環境負荷が少ない上，軽量ゆえに原材料使用量も少ないので望ましいと主張した。そのうえで，安価かつ軽量な使い捨て容器包装が不利益をこうむらないかぎりでデュアル・システムに賛同した。このように，使い捨て紙系容器包装を扱う業界団体の特有の利益が主張されている。

・中規模個人ビール醸造業組合連邦連合会（Bundesverband mittelständischer Privatbrauereien e.V., 所在地ボン）

　この団体は，6月11日付草案に断固反対の立場をとった。それは，容器包装令がリターナブル・システム維持に貢献しないとの考えからであった。すなわち，デュアル・システムの導入によりリターナブル率は上がるのではなく下がり，その結果，リターナブル・システムは崩壊するとこの団体は認識していた。したがって，具体的には，使い捨て飲料容器に対する回収・デポジット義務への代替措置としてのデュアル・システムには反対と主張した。その一方で，1991年6月30日までにビールのリターナブル率が90％という，1989年4月に連邦政府が定めた値が達成されない場合には，使い捨て飲料容器への回収・デポジット義務の即刻適用を求めた。これらの見解は，以下の点に基づいている。
　グリューネ・プンクトの付いた使い捨て容器包装は，環境に優しいとのイメージを与えかねず，さらに消費者にとっては快適なので現存するリターナブル・システムを崩壊させるとともに，使い捨て容器包装の廃棄物を増やすことになる。そして，リターナブル・システムの崩壊は，中小企業によって構成されているビール醸造業界に負の影響をもたらす。すなわち，デュアル・システムの導入は使

い捨て容器を利用するビール醸造業者を利するため，ビール業者は競争上の理由から使い捨て容器を使用せざるを得ない状況に追い込まれる。しかし，大部分を占める中小企業にはリターナブル容器から使い捨て容器に転換するための資金はない。その結果，ドイツの中小ビール醸造業は崩壊に至る。

・ドイツ飲料小売業連合会（Verband des Deutschen Getränke-Einzelhandels e. V., 所在地ニュルンベルク）

　グリューネ・プンクトがついている使い捨て容器は消費者に環境を守っているイメージを与えるが，そのような使い捨て容器は無償で回収される。したがって，デポジット額が上乗せされており販売者への返却が求められるリターナブル瓶の消費は敬遠される。その結果，この草案はリターナブル・システムを短期間のうちに崩壊させるものであり，公聴会開催以前に撤回されるべきであるとの見解であった。そして，飲料容器の廃棄物量は減るどころか3倍にまで増えると見込んでいた。
　また，デュアル・システムは従来の試算よりもコストを要すると考えられるので，資金調達は困難であり，関係業界の自主的取り組みとしての運営は無理であるとの認識を示した。加えて，廃棄物の発生抑制，リサイクル，焼却（筆者注：サーマル・リサイクル）を同等とみなしている点も問題とされた。
　なお，この団体は使い捨て飲料容器に対するデポジット制度の適用を求めているが，リサイクル・システムが確立しているガラス容器と，年間消費量が一人当たり10リットルに達しない飲料の容器はデポジットの対象から除外することを求めた。

・消費者団体連合会（Arbeitsgemeinschaft der Verbraucherverbände e.V.：AgV）

　使い捨て容器包装税の導入あるいは使い捨て容器包装の禁止措置を求めた。草案への批判点としては，再包装や使い捨て容器包装における過剰包装を減らすための方策がない，使い捨て容器包装に関してマテリアル・リサイクルを焼却よりも優先することが明記されていない，原因者である生産者の義務が不十分であることなどをあげた。

第6章

ニューディールと保全行政組織改革

――改革はいかにして始まり,そして頓挫したのか?――

及 川 敬 貴

はじめに

　ニューディール期のアメリカ合衆国では,「保全(conservation)」の名の下に,多種多様な政策(電源開発事業,灌漑事業,植林事業等)が同時並行的に進められたために,公共事業の重複や省庁間の紛争が頻発し,ひいては予算の無駄遣いや資源利用環境の悪化が問題視されるようになった。これに対処するために,ルーズベルト政権(FDR政権)は,同国政治史上初となる,本格的な環境(当時は保全)行政組織改革に着手する。

　当時提案され,一部は実施にまでこぎつけた組織改革のアイデアは,次の二つであった。一つは,保全をめぐる権限の分散を(やむを得ないものとして)認め,何らかの方法で政策調整を図ろうとするものである。FDR政権では,連邦政府内に小規模のスタッフ機関を設置し,これに保全に関連する施策・事業を俯瞰させ,バラバラに進みがちな保全関連の政策を調整していくことが試みられた。もう一つは,権限を1カ所に統合してしまうという,単純かつ(おそらく)最も古典的なやり方である。このアイデアは1930年代以前にも唱えられてはいたが,ニューディール期に初めて,政権の公式政策案の一部としてとり入れられた。具体的には,内務省が他省庁の権限を奪取し,巨大な「保全省」(Department of Conservation)へ生まれ変わろうとした

のである。

　本章では，一次資料（例：ホワイトハウス内部で交わされたメモ）に多くを負いながら，これらの二つの方策が一部実施され，一定程度の成果を上げながらも，歴史の表舞台から消え去っていった経緯を追う。そのねらいは，「保全」という古くからの理念が，改革の契機・動力になる一方で，権限の分散行使を維持するための基盤，いわば，改革の障害ともなっていた実状を浮かび上がらせることにある。

第1節　問題の所在と本章のねらい

　本論（第2節以下）に入る前に，問題の所在と本章のねらい等について敷衍しておこう。本章での検討作業から得られる知見はつぎのような意味で，現代のアメリカ環境行政組織の理解に役立つことはもちろん，発展途上国を含んだ，その他の国々における今後の制度設計のための参照軸ともなり得ると考えられる。

1．環境概念の包括性と権限の分散への組織的対処

　環境なるものが，物理的，生物的な，あるいは社会的，経済的，文化的なさまざまな要素の複合したものであることから，一口に環境政策といっても，それに関与する行政機関の数が多数に及んでしまう。わが国でも，1971年以来，環境保全を主務とする機関として環境省（旧環境庁）が設置されているが，法令上の諸権限は同省に一元化されているわけではない。たとえば，農薬の規制については農林水産省が，河川の管理については国土交通省が，それらを扱う権限を有している。

　環境をめぐる権限の分散は，省庁間紛争の温床となり，無用な施策の重複や政策決定の遅れ等の問題を引き起こしてきた。たとえば，わが国でも，環

第6章　ニューディールと保全行政組織改革　191

表6-1　環境庁と通産省の対立の事例

1984年	環境庁は環境アセスメント法を制定しようとしたが，発電所アセスに通産省が反対。同庁は法制化を断念，閣議決定による要綱アセスに
1991年	リサイクル促進法の制定をめぐって，環境庁がデポジット制などを提言したが，通産省は受け入れず独自に制定
1992年	有害廃棄物の輸出入の規制法（バーゼル国内法）の制定をめぐって，主導権争い。妥協の末，両省庁が担当に
1997年	環境アセス法の制定で，通産省が発電所を入れることに抵抗，同法に通産省の関与を強める形で妥協，成立
1997年	気候変動枠組み条約第三回締約国会議で決める温室ガスの削減量について，実現可能性を重視する通産省と，さらに削減可能とする環境庁とが対立
1998年	環境庁の温暖化対策推進法案に通産省が，「省エネ法の改正で対応できる」などと反対。同庁が法案から自治体の関与部分を大幅削減し，了解

（出所）『朝日新聞』1998年8月19日（朝刊）。

境庁と通産省（いずれも当時）の対立を背景として，環境アセスメントの法制化が著しく遅延したことは広く知られている（表6-1）（及川 2003, 2-6）。

同様の状況は，洋の東西を問わず，また時代や政治体制を越えて，広く観察されてきた（例：Kraft 2011, 79-81; Tang and Tang 2006; 1138; 船津 2013, 63-98）。それゆえ，問題状況の克服へ向けて，相対的に進んだ，ないしは意欲的な制度的対応を採用している国の経験が，発展途上国はもちろん，その他の国々での「政策形成のための『参照枠組み』」（寺尾 2013, 27）としての意味・意義を持ち得ることになる。

2．考察対象としてのアメリカ環境行政組織

本章の考察対象国となるアメリカでは，1970年前後の時期に行政組織改革が断行され，立法的な対処が施された。具体的には，省庁間の政策調整等を担う環境諮問委員会（Council on Environmental Quality：CEQ）をトップ・レベル（＝大統領府内）に設置する一方，環境関連の権限（汚染規制等）を環境保護庁（Environmental Protection Agency：EPA）に一定程度集約し，その行使に当らせるという体制を整えたのである（図6-1）。

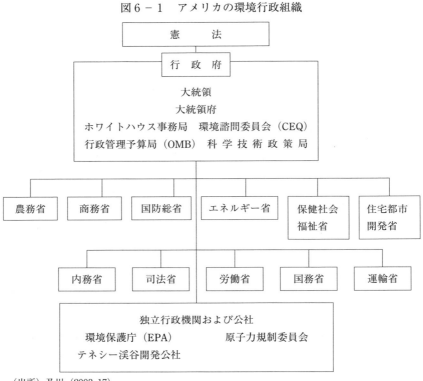

図6-1 アメリカの環境行政組織

（出所）及川（2003, 17）。

　CEQは，小規模の法定機関（定員は数十名程度）であるが，連邦政府内における政治的な地位は高い。この機関は，高位の政治レベルから全体を俯瞰し，政策調整や省庁横断型の政策立案に従事するものとされている。一方のEPAは，連邦政府有数の巨大規制官庁（定員は1万名以上）であり，汚染規制等を中心とする諸権限の行使に際して，他省庁と衝突することを厭わない。アメリカでは，1970年以来，EPAと他省庁との紛争を，CEQへ付託（referral）する等の法的な仕組みが設けられ，その下で効果的な調整がなされてきた（及川2003; 2010）。そのため，この仕組みは，現在でも，参考とするべき制度モデルとして引用されている（交告 2012; 大塚 2010, 275）。

この組織体制の原型は，1930年代，いわゆるニューディールの時期に登場した。CEQ のモデルは，国家資源計画評議会（National Resources Planning Board: NRPB）という小規模の機関であるといわれている（Liroff 1976）。一方で，EPA のモデルについて言及した文献は見当たらないが，1930年代には，環境（当時は保全）関連の権限を一つの省庁に集約する案が現れていた。当時の行政機構改革の目玉となった，保全省（Department of Conservation）設置構想である。ところが，NRPB は，1940年代半ばまでには廃止され，保全省設置構想は，1937年の原案段階で頓挫してしまう。これらは，いずれも恒久的な制度となることはなく，歴史の表舞台からひっそりと消え去ってしまったのである。

3．本章の検討内容とねらい

NRPB と保全省という政策アイデアは，どのような経緯で政治の表舞台に登場してきたのだろうか。また，これらの政策アイデアの一部しか実現しなかった（保全省案が日の目を見ることはなかった）背景には，いかなる事情が存在したのだろうか。実在したのは NRPB であるが，それは，バラバラに展開されていた（であろう）保全関連の政策調整という面で，何らかの成果を上げられたのであろうか。仮にある程度の調整ができていたとすればなおさらであるが，この機関はなぜ廃止されなければならなかったのだろうか。そして，このときの経験から，アメリカは何を学び，数十年後（＝1970年前後）の環境行政組織改革を成し遂げた（と考えられる）のか。

次節以降では，これらの諸点に係る検討を行う。そこから浮かび上がってくるのは，行政組織改革に対する「保全」（conservation）の二面性，別な表現をすれば，相矛盾するような二つの作用である。FDR 政権は，政策調整や権限の統合を進めようと決意し，「保全」は確かにその契機・動力になったようにみえる（第2節）。とくに，政策調整の手法については，具体的なものがいくつも開発され，NRPB によって実際に活用されていた。たとえば，

政策審査制度はその一つであり，それは，1970年に導入された環境アセスメントの原型としてとらえ得るものであろう（第3節）。その一方で，「保全」は，権限の分散行使を維持する装置（＝改革の障害）ともなっていた。たとえば，NRPBは保全の名の下に，上記の政策審査等の仕組みを開発・運用したが，保全それ自体は当時の法令等に（NRPBの責務として）明記されることはなく，その調整機能は（多くは，大統領の気が向いた時に）散発的に発揮されるにすぎなかった（第3節）。また，保全省設置構想についても，我こそが「保全」の担当機関であると自負してやまない省庁同士（とくに内務省と農務省）のいがみ合いが続き，同構想が日の目を見ることはなかったのである（第4節）。

　従来，環境行政組織のあり方を探るという課題に対しては，機関間の法関係を把握するという作業が中心となりがちであった（及川 2003）。しかし，この課題は，「後発性」の観点と絡めて検討されてこそ，他国での「政策形成のための『参照枠組み』」（寺尾 2013, 27）となり得るのではないだろうか。というのは，次節以降で詳述するように，アメリカでは，「環境」という「後発の理念」を「制度化」することにより，保全にまつわる障害を克服したようにみえるからである。すなわち，1970年前後の同国環境行政組織改革は，「環境」（environment）という「後発の理念」の新しさによって，社会的関心を引きつけ，政治家や旧来の保全関連省庁に（環境という新領域への）先乗りを競わせるとともに，制定法の形で「環境」を国家政策の基本に据えて，法的根拠と方向性を付与することを通じて，「保全」の二面性に起因する各種障害を乗り越えた経験として描き出せると考えられるのである。以下，その描写を試みよう。

第2節　保全とニューディールの課題
　　　──全体像の把握と政策調整──

　1920年代を通じて，公共政策としての「保全」の対象は，水や森林などの自然資源を超えて，野外レクリエーションや都市農村間の格差解消等にまで拡大していた。そして関連省庁の数も増え続け，それらの間の対立・紛争が頻発するようになったのである。こうした状況については，予備的な考察（及川 2013）を施したので，その内容を簡単に紹介しておきたい。その上で，本節では，保全をめぐる権限の分散が，ニューディールの開始によって急速に進み，それへの対応，すなわち全体像を把握した上での政策調整が急務となっていたことを指摘する。

1．1920年代における保全の複線化と省庁間の対立

　アメリカ環境政策は，1900年前後の革新主義の時代に最初の発展期を迎えた。牽引役となったのが，1901年に合衆国大統領に就任したセオドア・ルーズベルト（Theodore Roosevelt）（以下，TDR という。）である。TDR 政権は，「保全」（conservation）の名の下に，それまでの政権にはみられない自然保護的な施策を多数展開し，大統領権限を行使して広大な面積の国有地を処分留保した。このほかにも，同政権期には，国有林，野生生物保護区，国有記念物等の指定が積極的に進められている。

　これに対して，1920年代は，第1次大戦後の経済復興と大恐慌の時代として把握されがちであり，環境政策の発展期としては目されてこなかった。しかし，近年になって歴史研究が進み，当時のアメリカでは，保全の意味するところが，①水や森林等の管理（以下，保全①という。）を超えて，②野外レクリエーションの機会の確保（以下，保全②という。）や③都市農村間の格差解消（以下，保全③という。）等を包含するように拡大していたことが指摘さ

図6-2 1920年代における「保全」の内容の拡大

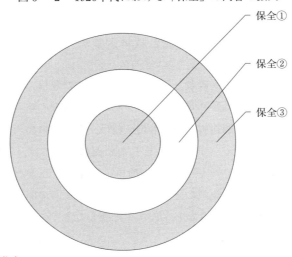

(出所)筆者作成。

れている(図6-2)。

　保全概念の中身の拡大につれて,関係する連邦機関の数も増大した。そして,そのことは当然ながら,保全という公共政策領域の拡大はもちろん,関連する権限や予算の分散とそれらの獲得競争へとつながっていく。

　たとえば,保全②の台頭とともに勢力を拡大したのが内務省国立公園局(1916年設置)である。国立公園局は,国有林を国立公園へ編入することを公の場でも主張するようになり,保全①の代表的な存在である農務省森林局(1905年に局へ昇格)と激しく対立するようになった。また,保全③関連で創設されたのが,農務省農業経済局土地経済部(1922年設置)である。この部局は,保全③の観点から,計画的な土地利用,とくに土地ごとの特性に応じた合理的な農地開発の重要性を唱え,内務省開墾局(1914年設置)を公然と非難するようになった。保全①を経済開発の観点から狭く解し,土地ごとの特性を考慮しない土地開墾政策を進めた代表格とでもいうべき連邦機関が,開墾局である。

2．1930年代における状況の悪化

　世界恐慌による経済不況が頂点に達した1933年3月4日，TDRの甥である，もうひとりのルーズベルト，すなわち，フランクリン・D・ルーズベルト（Franklin D. Roosevelt）（以下，FDRという。）が合衆国大統領に就任した。未曾有の経済不況を乗り切るために，FDRは，困窮した人々の救済（relief），社会の構造改革（reform），そして経済の復興（recovery）を三本柱とする一連の政策，いわゆるニューディール政策（以下，ニューディールという。）を展開する。

　ニューディール一般の評価はさておき，その開始によって，保全をめぐる権限の分散状態は急速に進んだ。保全という政策領域に限ったことではないが，FDR政権は，緊急避難的に「アルファベットの略称が数えきれなくなるほど」多くの機関を創設し，複数の施策の同時執行を試みた。わずか数年の間に，テネシー渓谷開発公社（Tennessee Valley Authority: TVA），市民保全部隊（Civilian Conservation Corps: CCC），公共事業局（Public Works Administration: PWA），土壌保全局（Soil Conservation Service: SCS）等が保全関連の機関として次々と産声を上げたのである。

　多くの機関が矢継ぎ早に設置されたことで，それらの略称と正式名称，それにその業務を覚え，必要に応じて解説するための専門家が必要だ，と揶揄されるほどになった。そして何よりも，どの機関がいかなる中身の保全施策を進めているのかがみえなくなり（全体像の欠如），そのことが復興の遅れと不合理な資源利用の要因として指摘されるようになったのである。それぞれの機関が自ら最適と考える施策を進めるのだが，全体像がみえていないので，施策が重複したり衝突したりしてしまう。そのため，全体としては適切な資源管理とならない。無駄な時間や費用が嵩むだけで，復興からはますます遠ざかってしまうのである。とりわけニューディールでは，保全③（都市農村間の格差解消）への対応が重視されたため，問題状況が深刻化したという。

すなわち，新旧の多くの連邦機関が全国各地で個々バラバラに，しかも性急に，電源開発事業や灌漑事業等に取り組んだため，上記のような問題状況が発生しやすかったのである。

3．ニューディールの課題——全体像の把握と政策調整——

このように，1930年代のアメリカでは，ニューディールの開始とともに，保全①②③に関する多数の新旧政策を同時進行させながら，それらの企画・進捗状況に係る全体像を把握し，時宜にかなった，かつ適切な中身の調整をかけることが求められていた。アクセルとブレーキを相互に上手く使うような，高度な行政運営が求められたものといえるだろう。この課題に対して，アメリカ政治史上初の本格的な組織的対応を図ったのがFDR政権である。

以下，本章では，Nixon（1972）で収集された，当時の1次資料（例：ホワイトハウス内部で交わされたメモ）に多くを負いながら，FDR政権によって提案された二つの方策，すなわち，権限の分散を許容しながらの調整（第3節）と権限の統合（第4節），が一部実施され，一定程度の成果を上げながらも，歴史の表舞台から消え去っていった経緯を追う。

第3節　権限の分散を許容しながらの調整
　　　　——国家資源計画評議会——

ニューディール期に，保全に関連する連邦の施策・事業を俯瞰する責務とそれに必要な権限を与えられたのが，大統領府内に設置された国家資源計画評議会（NRPB）である。NRPBの前身は，1933年に公共事業局の一部門として設置された連邦機関であり，これが組織改編を繰り返し，1939年の連邦行政機構改革によってNRPBとなった。本節では，NRPBが保全に関する多様な政策の「企画・進捗状況に係る全体像を把握し，時宜にかなった，か

つ適切な中身の調整をかける」ために，いかに機能したのかを考察していく[1]。なお，論述の都合上，NRPBの組織改編の経緯から本節の叙述を始めることにしたい。

1．組織構造の変化

1933年，全国産業復興法（National Industrial Recovery Act: NIRA）が制定され，その第2章に基づいて公共事業局（Public Works Administration: PWA）が創設された。ダム開発や灌漑事業等のさまざまな連邦公共事業の統括・実施を担当する機関として設置されたのがPWAである。初代の局長職は，イッキーズ（Harold Ickes）内務長官によって兼任されることとなった。

PWAを補佐する機関として，同局内に小規模のスタッフ組織が設置された。国家計画評議会（National Planning Board: NPB）である。NPBは，公共事業に関する包括的な計画の立案，ならびに，人口，土地利用，産業，住宅，および自然資源の分布とトレンドに係る調査を担当し，適宜，公共事業局長官へ助言を提供するものとされた。このスタッフ組織のメンバーとなったのが，デラーノ（Frederic Delano），ミリアム（Charles Merriam）およびミッチェル（Wesley Clair Mitchell）である。3名はいずれも当時の代表的な知識人であり，連邦政府はもちろん，地方政府や産業界において，とりわけ中長期の計画策定（Planning）を指導してきた面々であった。社会経済状況に関する，さまざまな統計データをいかに分析して，将来の組織運営に向けてどのように活用するか，すなわち，計画策定が，アメリカのビジネスや行政運営の中心的課題として認識され始めたのが，二つの世界大戦の狭間の，この時期であった。

NPBがその総力を結集し，ほぼ1年という時間をかけて完成させたのが*A Plan for Planning*（『計画策定のための計画』）である。これは，計画策定なるものの歴史，計画類型（例：行政計画やビジネスプラン）の整理，海外諸国における国家計画の考察，国家計画の定義とそれを策定することの正当性の

説明，ならびに計画策定によって可能となる豊かな社会の見取り図等を含んだ調査報告書であった。Reagan（1999, 188）は，アメリカにおける国家計画のバイブル的なものがあるとすれば，この報告書がそれに相当すると評している。そして，同報告書には，行政組織のあり方に関する勧告が含まれていた。連邦政府内における，常設の計画策定評議会の創設である。1934年6月25日，NPBのメンバーは，『計画策定のための計画』のほぼ完成版をFDRへ提出した。FDRは，同報告書の中身に賛意を示し，NPBの活動継続を認める一方で，その名称をNPBから国家資源評議会（National Resources Board: NRB）へと改めることに同意していたという（Reagan 1999, 188）。

1934年7月3日，FDRは大統領令6777号（Exec. Ord. 6777）を発令し，NPBを，公共事業局の一部門から，閣僚クラスをメンバーに含んだ機関へと格上げし，その名称を国家資源評議会（NRB）へと変更した。NRBは，イッキーズ内務長官を議長とし，農務省，商務省，労働省，緊急救済局の各長官，それに旧NPBの3名のメンバーからなる省庁間委員会的な組織である。

事前にラフなアイデアが伝えられた際に，NPBのメンバーらはFDRに対して強い異議を唱えた。新たな組織の構造が，『計画策定のための計画』で描かれていたものと異なっていたからである。『計画策定のための計画』では，大統領によって任命される5名以内のメンバーからなる常設の評議会が，計画策定の基本方向等に関する検討を行い，非常勤のコンサルタント等からなる作業集団（panel）が実際の調査分析等を担当するという組織構造が提案されていた。こうした組織構造の採用によって，縦割り的な官僚主義や過度の集権化に伴う弊害を回避することが企図されていたのである（Reagan 1999, 190）。しかし，上述のように，NRBは，連邦省庁から独立したスタッフ機関というよりはむしろ，省庁間委員会のようなものとなってしまった。イッキーズを始めとする各省長官が，NRBを内閣の統制下におくことを望み，その方向で一致団結してFDRを説得することに成功したのである（Nixon 1972, 304）。なお，1935年5月14日，連邦議会では，NRBを常設機関するための法案（S.2825）も上程され，公聴会も開催されたが，それより先の手

続へ進んだという記録は残っていない (Nixon 1972, 344)。

　NRB は，1935年6月7日に発令された大統領令7065号 (Exec. Ord. 7065) よって，国家資源委員会 (National Resources Committee: NRC) と改名された。組織構造に大きな変更はなかったが，新たなメンバーとして，産業界での実務経験が豊富なデニソン (Henry Dennison) とラムル (Beardsley Ruml) が加わった。

　この NRC が，1939年の行政機構改革によって NRPB となる。NRPB は，大統領直属のスタッフ組織となり，新設の大統領府内に設置されることとなった。この時点でようやく特定の連邦省庁から独立し，一段階高い政治レベルから各省庁の雑多な施策を俯瞰しうる制度上の位置を確保したのである。しかし，その設置後間もなく，アメリカは第2次世界大戦に参戦し，連邦議会は戦争遂行に直接的に役立たない予算請求を認めなくなっていった。NRPB への予算措置も拒否され，同機関は1943年10月1日をもって廃止されてしまう。

2．NRPB の機能

　NRPB とその前身である NRB や NRC の政策形成に係る機能は，それぞれの機関でまったく同一というわけではない。しかし，その機能は，全体として，次のように整理できるだろう。なお，論述の都合上，これらの機関をあわせて NRPB 等と称する。

(1) 長期的・総合的な観点からの調査研究の実施

　たとえば，水資源や土地利用については，さまざまな省庁によって多くの調査研究がなされていたが，その結果が包括的に利用されることはまれであった。NRB は，FDR の要請をうけて，既存の調査研究の結果を統合し，さらに，州政府の関連機関や大学等からの協力を得て，独自のデータ収集・分析等に取り組んだ。そして1934年12月1日には，土地利用と水資源に関する

公共事業の現状分析と将来的な国家計画に関する報告書（以下，『土地利用・水資源に関する国家計画』として引用する。）を完成させている[2]。この報告書は，1935年1月24日にFDRから連邦議会へ提出され，FDRは，こうした省庁横断的な観点からの調査報告が「史上初」の事象であることを強調した（Nixon 1972, 342）。FDRは，野外レクリエーションを始めとするその他の自然資源関連のテーマについて，NRPB等による包括的な情報収集と分析機能が有用であることに頻繁に言及している（Nixon 1972, 535）。なお，Reagan (1999, 192) によれば，1934年から1937年ごろまでにNRBやNRCによって準備された調査報告書の中心的なテーマが，自然資源利用のあり方であったという。

(2) 長期的・総合的な観点からの助言提供，とりわけ大統領への助言提供

ミリアムは，その著作の中で，FDRがNRPB等の会議に頻繁に顔を出していたと述懐している（Merriam, 1944）述懐している。会議では，新たな資源開発計画の構想や既存計画の達成度等が論じられ，FDRに対してさまざまな提案が示された他，FDR自身も多くの見解を披露したという。こうした機会を通じて，NRPB等は，各省庁によってばらばらに企画・実施され，相互に衝突しがちな複数の資源開発プログラムの調整に寄与し得ることになった。すなわち，NRPB等が上記(1)の機能（調査研究の実施）を通じて知見を蓄え，それを基にして大統領へ助言を行う。当該助言が大統領から各省庁の長への指示・命令へと取り込まれる。その結果として省庁間の政策調整が進む。このような事実上の仕組みが構築・運用されていたのである。

たとえば，NRCは，西部のリオ・グランデ渓谷上流域（the Upper Rio Grande）の水利用について調査を行い，調査報告書のなかで，さまざまな連邦省庁の許認可に基づくダム開発や灌漑事業が未調整のままに進められることで，無駄な費用が発生し，さらには当該地域全体への水資源供給が行き渡らなくなるおそれ等の問題を指摘した[3]。この報告書は，1935年9月13日に，NRC内の特別調査委員会からデラーノへ提出され，同月18日，イッキーズ

を介して，FDRへ届けられた（Nixon 1972, 434-435）。報告書に含まれていた助言に従い，同月23日，FDRは，関連省庁に対して，NRCからの意見を得ることなく，リオ・グランデ渓谷上流域での水資源開発事業申請を認めないよう命じている（Nixon 1972, 437）。

　FDR本人からNRPB等に対して各種の指令が下る場合もあった。たとえば，1936年に注目を集めた洪水制御関連の法案（H.R. 8455）を支持するかどうかの判断に当って，FDRは事前にNRBの意見を求めていたという（Owen 1983, 25）。この法案に対しては，洪水制御の名の下に，無駄な公共事業を進める，利益誘導型のポーク・バレルの典型との批判の声が広く上がっており，NRCも断固反対の姿勢を崩さなかった（Maass 1951, 84-86）。NRCの主要メンバーであるエリオット（Charles W. Eliot）が，当該法案の問題点と修正の方向等について分析した詳細なメモ（1936年4月29日付）を作成し，同メモは，NRC議長のイッキーズ内務長官を通じて，即座にFDRへ送達された（Nixon 1972, 511-515）。FDRは，1936年5月1日にロビンソン（Joseph T. Robinson）上院議員（アーカンソー州選出）へ宛てたメモにおいて，エリオットによる分析メモの中身をほぼそのまま引用しながら，当該法案を「完全に不合理な」（thoroughly unsound）ものと酷評している（Nixon 1972, 515）。なお，FDR本人からNRPB等に対して指令が下される際の事案は，全国的なもの（例：法案）ばかりではなく，地域的なものである場合もあった。たとえば，アイダホ州の国有林における金鉱開発事業の是非について，FDRはデラーノに対し，NRCが助言のための調査を行えるかどうかを問い合わせている（Nixon 1972, 571）。

　また，省庁間の政策協議にNRPB等を関与させるように，FDRが指示するケースも見受けられた。1935年11月14日，内務省内の3つの連邦機関（生態調査局，国立公園局，インディアン部族局）が，フロリダ州エバーグレーズ（Everglades）地域の14万エーカーの土地を連邦政府が買い上げ，インディアン部族の居住と野生生物保全のために利用していくことで合意し，FDRへ報告した。これをうけて，FDRは，その翌日にメモを発し，当事者の一つ

である生態調査局の長に対し，NRC に合意内容を報告するとともに，NRC と協働しながら当該合意内容を実施するよう求めている（Nixon 1972, 448）。

このほかに，FDR は，NRPB 等をサード・オピニオン提供機関としても活用していた。連邦省庁が作成した調査報告書の内容の再吟味である。たとえば，科学諮問評議会（Science Advisory Board）が1934年4月に作成した土地利用と土壌浸食に関する報告書について，FDR はそれを「非常に興味深い」（very interesting）と評価する一方で，NRB に対し，その内容を吟味するよう命じている（Nixon 1972, 335）。

(3) 政策審査機能

1935年の大統領令7065号では，NRC の責務を次のように定めていた。

> 「土地の取得（法令上の管轄権の移譲も含む）に関連して提案された，<u>あらゆる</u>連邦事業および土地関連の調査事業について，情報を受け取り・記録すること，ならびに，NRC の助言能力の発揮という形で，それらの事業に関連する可能性のある情報を関係機関へ提供すること。なお，連邦政府執行府内の<u>すべての</u>機関は，<u>現場での主要な活動に着手する以前に（before major field activities are undertaken）</u>，自らが計画した事業について，NRC へ告知するものとする（shall notify）。」（下線は筆者による）

この規定に直接基づくものではないが，ニューディール期には同様の趣旨の仕組みも見受けられた。たとえば，すでに紹介したように，FDR は，1935年9月23日にメモを発し，関連省庁が，NRC からの意見を得ることなく，リオ・グランデ渓谷上流域での（私人による）水資源開発事業申請を許可することを禁じている。NRC 議長のイッキーズは，この仕組みを「非公式なタイプの政策審査」（informal type of review）と称し，1936年1月30日付の FDR 宛てのメモのなかで，それにならった新たな仕組みを構築するべきこ

とを提案し，FDR によって発せられるべきメモの草案を示した（Nixon 1972, 479）。具体的には，各省庁で計画・実施されているすべての灌漑・土地排水事業や貯水関連事業について，定期的に NRC へ報告を行わせ，NRC で，公衆の健康や野生生物保全等のあらゆる観点からの審査を行うことを，FDR が関連省庁の長に命ずるというものである。FDR は，同年2月1日付けのイッキーズへ返信し，メモの草案に署名したことを伝えた（Nixon 1972, 480）。また，その数カ月後の5月14日には，洪水や洪水制御についても，予算局（Bureau of Budget: BOB）による通達が発出され[4]，連邦省庁は，洪水や洪水制御に関する調査研究を行うに当って，当該調査研究事業の詳細（制定法による根拠の有無や費用等を含む）を NRC へ報告することを命じられた（Nixon 1972, 517）。

(4) 地方へのコンサルティング業務（例：計画策定支援）

たとえば，NPB は，さまざまな州で設置されていた計画評議会（state planning boards）へコンサルタントを派遣していた。人的資源の提供という直接的な支援である。加えて，NRB は，「共通の課題を有する複数の州が連携して計画策定を行う地区」（Planning Districts for the Handling of Planning Efforts by the Group of States Having Common Problems）の設定についても関与していたという（Nixon 1972, 315）。

3．保全への貢献

NRPB 等は「保全」行政機関なのだろうか。大統領令6777号や同7065号に定められた責務のなかに「保全」は見当たらない。むしろ，そこでは，「（資源）開発」への言及が，繰り返しなされている。また，組織構造的にみても，NPB は公共事業局内の一部局でしかなく，後継組織である NRB や NRC も，独立性の低い，省庁間委員会として活動した。最後に NRPB が，ようやく独立的な地位を獲得し，短期間活動したにすぎない。さらに，FDR 政権内

には，野生生物の回復のための大統領委員会（the Presidential Committee for the Restoration of Wildlife）や生態調査局（Bureau of Biological Survey）のような，「保全」目的の機関であることが明らかな組織も存在していた。

しかし，NRPB等は，実際に「保全」に貢献していたと考えられる。2点指摘しておこう。

一つは，自然資源の無節操な開発が抑制される場合が見受けられたことである。たとえば，Lowitt（1993, 79）は，1934年末にNRBによって準備された『土地利用・水資源に関する国家計画』（前述）が，単に関連施策の全体像を示しただけではなかったことを指摘する。すなわち，同報告書は，どの施策が自然資源にいかなる悪影響を及ぼすのかを公に説明するものであり，それゆえに，そうした施策が（各連邦機関によって自主的に）修正されるための間接的なプレッシャーとなったという。

また，上述したように，FDRは1936年にメモを発出し，関連省庁に対して，NRCからの意見を得ることなく，リオ・グランデ渓谷上流域での（私人からの）水資源開発事業申請を許可しないよう命じた。この「非公式な形の政策審査」の仕組みが構築される契機となったのが，NRCの調査報告書である。イッキーズは，この仕組みについて，「非常に申し分なく」（highly satisfactory）機能していると述べた（Nixon 1972, 479）。具体的には，この仕組みを通じて，

「賢明ではない事業計画が早期に発見されるとともに，省庁間の紛争が，現場での工事が始まる前に公の場に持ち出される」

ことにより，政策調整が進むようになったという（Nixon 1972, 479）。そして，やはりすでに紹介したように，この仕組みの設計・運用経験が，すべての灌漑事業と貯水関連事業を対象とした，類似の政策審査制度の基礎となった。FDR政権で生態調査局長を務めたダーリン（Jay Darling）は，この政策審査制度を，「野生生物の生息環境の再生に向けた最も重要なステップの一つ」

第 6 章　ニューディールと保全行政組織改革　207

と高く評している（Nixon 1972, 480）。

　もう一つは，広い意味での「保全」への貢献である。前節で確認したように，1920年代に入って，「保全」の中身は，自然資源の経済開発（保全①）を超えて，野外レクリエーション促進（保全②）や都市・農村間の不衡平是正（保全③）等を包含するように拡大し，1920年代後半には「新保全（New Conservation）」なる概念が提唱されていた（及川 2013）。1934年 7 月 3 日付の『NRB の創設に関するホワイトハウス声明』[5]は，「新保全」という文言は用いていないものの，これらの保全①②③を包括するような保全（a comprehensive program of conservation）の観点から NRB の創設意義を説いたものである（Nixon 1972, 460）[6]。すなわち，NRB が全体を俯瞰した総合計画を準備し，これによって，多様な連邦施策が調整されるとともに，土地や水資源の誤用の矯正への道筋が示される。その上で，「貧困に喘ぐ家庭の生活水準の改善」（improving the standards of living of millions of impoverished families）がなされる，という理屈である（Nixon 1972, 318-319）。

　実際に，NRPB 等は幅広い課題に対応し，そこで扱われる事項は，水や森林，野生動物等にとどまるものではなかった。たとえば，NRB の後継組織である NRC が1935年11月23日に作成した進捗状況報告書（Report of Progress and Work under Way）では，各種の鉱物資源管理や耕作放棄地の再利用，それに無節操な土地開拓の抑制等についても，NRC が調査研究や勧告案の作成等の機能を果たしたとされている（Nixon 1972, 449-454）。NRC 議長のイッキーズは，簡単なメモを添付して，この報告書を FDR へ送達し，当該メモには，同報告書が「保全と開発の問題」（conservation and development problems）に関するものであると紹介されていた（Nixon 1972, 448）。

　このほか，隠れた公共事業推進法との批判が多かった洪水制御法案（H.R. 8455）（前述）は，1936年 6 月22日に連邦議会を通過したものの，NRC が唱えた異議（代替案を含む）によって，当初法案の中身は大きく修正されることになった（Nixon 1972, 516）。最終的な法案では，水路の改善と流域における土壌浸食の防止が相互補完的な関係にあることが，連邦議会によって初め

て認められたことはもちろん，水路だけではなく，流域全体の改善が連邦政府の適切な活動対象であることが国家政策として宣言されたほか，陸軍工兵隊ではなく，大統領がさまざまな洪水制御関連事業の優先順位を決定するべきこと等が定められたのである（Nixon 1972, 516）。当初の典型的なポーク・バレル型の法案が，NRCからの異議（代替案を含む）等によって，包括的な「保全」型の規範へと修正されたのであった。

4．NRPBの廃止

　NRCは，1939年の行政機構改革によってNRPBとなった。NRPBは，もはや内務長官を長とする一つの省庁間委員会ではなく，大統領府内の一機関として，各省庁から独立した存在となったのである。ここに，1934年の『計画策定のための計画』で勧告されていた形の組織がようやく実現した。しかし，Reagan（1999, 213）が指摘するように，大統領との距離が縮まることによって，NRPBの運命は，大統領個人の価値観やその時々の政治的優先順位に，よりいっそう左右されることになったという。

　第2次大戦の開始とともに，FDR個人の主要な関心事は，ニューディールの推進から戦争での勝利へとシフトしていった。FDRは，もはや，Dr. New Dealではなく，Dr. Win-the-Warへと変身していたのである（Reagan 1999, 227）。この変化に合わせて，NRPBも戦後復興計画や公教育などのテーマで，従前の機能（例：調査研究）を継続したが，戦時中の国家において，そうしたテーマに係る活動は緊急性の高いものとはみなされず，連邦議会で予算措置を拒否されてしまう[7]。1943年，大統領府内に新設されてから5年も経たないうちに，NRPBは廃止された。

第4節　権限の統合――保全省設置構想――

　NRPB等の政策調整に期待することは，裏を返せば，一定程度の権限の分散を許容することである。これに対して，同じ1930年代のアメリカでは，土，水，および森林といった自然資源に関係する連邦のあらゆる権限を一つの機関の下に集約しようという構想が本格的に唱えられていた。保全省（Department of Conservation）設置構想である。本節では，この構想がFDR政権の公式な連邦行政機構改革案の一部としてとり入れられながらも，結局は頓挫した経緯を追う。

1．内務省の攻勢

　繰り返しになるが，1920年代のアメリカでは，「保全」の中身が，水や森林等の経済開発（保全①）から，キャンプやハイキング等の野外レクリエーションの機会の確保（保全②）へと拡大し，このことが，同時期における内務省国立公園局（National Park Service: NPS）の勢力拡大の要因となった（及川 2013）。1929年にNPSの局長に就任したのがオルブライト（Horace M. Albright）である。Swain（1963, 461）によれば，オルブライトは，イッキーズ内務長官と懇意となり，"ニューディールの最初の100日間のうちに同長官の「非公式のアシスタント」になっていた"という。そして，保全省設置構想もそもそもはオルブライトが発案し，イッキーズが影響されたのだと説明している。また，少なくとも，森林局の設置場所については，イッキーズ自身も，木材生産という目的に縛られがちな農務省よりも，多様な資源利用の可能性に対してより柔軟に対応できる内務省のほうがふさわしいと考えていたという（Gates 1979, 615）。

　イッキーズが最初に動いたのは，1934年のテイラー放牧法（Taylor Grazing Act of 1934）の制定過程においてである。この法律は，内務長官に対し，放

牧区の設置や放牧許可制度等に関する広範な権限を付与し，その行使を通じて，1億4200万エーカーの国有放牧地の開発や保全を図るものであった。イッキーズは，法案の修正過程で，森林局を農務省から内務省へ移管する規定を滑り込ませようと試みたが，FDRを説得するには至らなかったという（Nixon 1972, 307）。

その翌年（1935年）の春，保全省設置構想は正式の法案の一部となった。S.2665（「内務省の名称変更および一定の政府機能の調整に関する法案」）が上程されたのである。この法案については，公聴会も複数回開催され，イッキーズは保全省設置構想のメリットを訴えたが，農務省関係者を中心に，反対運動が展開され，連邦議会での検討はそれ以上先へと進むことはなかった（Owen 1983: 176-178）。

2．農務省の逆襲

内務省の攻勢に対して，農務省は手をこまねいているだけではなかった。1936年春，農務省森林局は，（イッキーズによれば）内務省と一切協議することなく，『西部放牧地』（*The Western Range*）と題する大部（600頁以上）の報告書を作成し，それが，連邦議会文書として公刊されることになったのである。この報告書には，国有林等の国有地の管理のあり方に関する幅広い調査・分析が含まれていたが，管理行政組織のあり方についても，次のような主張を行っていた。すなわち，国有地の管理は一つの省に集約されるべきであり，その省とは農務省である，というものである（Nixon 1972, 552）。

イッキーズは，これに猛反発し，同年8月19日付でウォーレス（Henry A. Wallace）農務長官宛てに長文の書簡をしたため，その写しをFDRへも送付した（Nixon 1972, 550-555）。これに対して，ウォーレスも一歩も引かず，同年11月13日付でイッキーズ宛てにさらに長文の書簡をしたため（Nixon 1972, 595-606），「アンフェアな批判は問題解決に何の貢献もしない」等の相当に辛辣な文言を重ねている（Nixon 1972, 606）。

3．保全省設置構想の頓挫

　テイラー放牧法の制定時において，FDR は保全省設置構想を認めなかったが，次第にその姿勢を改め，同構想を支持するようになっていった。Graham（1976, 60-61）によれば，FDR は，電源開発（とりわけ水力発電開発）をめぐる公共事業の重複とそれら事業の許認可権を有する省庁間の対立の頻繁さ・激しさに閉口するようになっていたという。公共事業の重複は無駄な出費の重大要因であり，省庁間紛争の激化はその調整に貴重な時間と労力が割かれるからである。

　1937年1月12日，FDR によってその前年（1936年）に設置された「行政管理に関する大統領委員会」，いわゆるブラウンロー委員会が，97の連邦行政機関を12の省に整理するという，大胆な行政機構改革案を発表した。その目玉となったのが，保全省設置構想である。ブラウンロー委員会案では，内務省は保全省へと改組され，"国有地，国立公園，およびインディアン居留地を管理するとともに，その他とくに割り当てられている場合を除いて，鉱物および水資源の保全に関する法律を執行する"ものとされていた（Gates 1979, 617）。

　保全省設置構想がブラウンロー委員会案の中核的要素となったことをうけて，イッキーズは政権内外へ精力的に働きかけたが，逆風は予想以上に強かった。森林局を中心とする反対キャンペーンが開始され，そこに全国の大学（林学部）や多くの野生生物保護団体が加わったのである。農務省本体はもちろん，初代の森林局長であり，20世紀初頭の伝統的な「保全」のシンボルでもあったピンショー（Gifford Pinchot）も同キャンペーンを強力に後押しした。そして，プロのロビイストである Charles Dunwoody の指導の下でキャンペーンが展開され，アメリカ全土から大量の非難の手紙が連邦議会議員やホワイトハウスへ送りつけられたのである（Rothman 1989, 159）。

　いかにこの構想が不人気であるかを察知した FDR をイッキーズが動かす

ことは難しく,結局,保全省は現実の組織とはならなかった。イッキーズ自身は,その後も継続して,保全省設置構想の合理性を訴え,その実現のために奔走したが,すべて徒労に終わった。保全省設置構想がアメリカ政治の表舞台に再登場するまでには,第2次大戦の終了を待たねばならなかったのである。

おわりに

ニューディール期のアメリカでは,早期の経済復興をめざして,1900年前後よりも中身が大幅に拡大した保全,すなわち,保全①②③(図6-2)に係る政策が同時並行的に進行することになった。その結果,FDR政権は,無駄な公共事業の重複やその帰結としての資源利用環境の悪化を未然に防止するために,多くの政策の企画・進捗状況に係る全体像を把握し,適切な中身の調整をかける必要に迫られたのである。本章では,FDR政権が施した二つの組織的対応に着目し,その経過と中身を追ってきた。最後に,前節までの検討結果を簡単に振り返るとともに,環境をめぐる権限の分散への組織的対処のあり方を探るという課題に対して,ここで得られた知見がいかなる意味で他国での「参照枠組み」となりうるのかを検討し,これをもって締めくくりにかえよう。

1.NRPB等

NRPB等は,保全に関する全体像の把握や政策調整に一定程度の貢献をしていたといえるだろう。本章では,省庁横断的な観点からの各種調査の実施,そこから得られた知見に基づくFDR等への政策提言の提供,「政策審査」制度の活用等を通じての貢献を確認することができた(第3節)。これらはいずれも,1970年に導入された制度的な仕組み(例:環境アセスメントやCEQ)

の萌芽としてとらえられる。

　ただし，こうした貢献が「偶然の産物」にすぎなかったという点には注意すべきであろう。NRPB 等の設置根拠となった大統領令等に，「保全」という文言は見当たらない。NRPB 等の保全への貢献は，法令上の理念に沿った恒常的・継続的なものとは評価し難いのである。

　もちろん，理念が一切存在しなかったというのではない。理念としての保全は，NRPB 等を使う側，すなわち，FDR やイッキーズという個人のなかに存在した。彼らの個人的な理念が，NRPB 等という仕組みを通じて，時折，体現されたのである。このことは，政権のイデオロギーによって，NRPB 等の保全機能が左右されてしまうことを意味している。すなわち，FDR やイッキーズのような，いわゆる保全主義者が，政治的なパワーを行使しうる間はよいが，たとえば，レーガン（Ronald Reagan）やハーディング（Warren G. Harding）のような保全を敵視する人物が当該パワーを行使する立場にあれば，NRPB 等が保全という政策領域で活躍できる余地は少ない[8]。

　制度上の設置理念としての保全が存在しなかったことで，組織構成員の資格要件も保全とは無縁のものとなっていた。NRPB 等の中心的なメンバーであった，デラーノ，ミリアム，ミッチェルはそれぞれの専門分野（例：都市計画学や政治学）では傑出した人物ではあったが，FDR やイッキーズと肩を並べるほどの保全関連の知識や経験を持ち合わせていたわけではない。もちろん，NRPB 等のスタッフとしては，チェイス（Stuart Chase）のような，保全の観点から公共政策のあり方を把握・議論できるような逸材が雇用されていたが，これもまた「偶然の産物」にすぎなかった。

2．保全省設置構想

　この構想は，表面上は，保全の名の下に，関連する権限を 1 カ所に集約し，権限の分散に由来する各種の問題状況を緩和しようとするものであった。しかし，その内実は，内務省の権限拡大策であったといえる（第 4 節）。すな

わち，保全の理念に基づく組織改編のアイデアというよりは，特定の省庁の政治的な関心に基づく政策案であったという評価が合理的であるようにみえる。

3．示唆，あるいは今後の課題

　ニューディール期の行政組織改革が経験した困難は，「保全」という当時の理念そのものに由来していたようにみえる。及川（2013, 193）で指摘したように，1920年代以降，保全の中身は急速な拡大をみたが，その中核に位置していたのは，常に自然資源の経済開発（図6-2の保全①）であった。野外レクリエーションの機会の確保（保全②）や都市・農村間の格差解消（保全③）などは，その周縁におかれ続けたのである。政策調整をかける以前に「みえない序列」が存在していたとさえいえるかもしれない。また，保全①②③それぞれの上には，各種制度が重層化し，省庁ごとの政治的利益の誘導・還元システムが出来上がっていた（及川 2013）。

　そのような状況においてさえも，NRPB等は，保全関連の政策調整を一定程度，進め得たものといえよう。しかし，上に指摘したように，その実効性については，FDRとイッキーズの個人的な保全への思い（＝個人的な理念）に頼るのが常であった。権力者の個人的な理念に頼る場合，経済開発や産業保護を唱える古参の行政機関と直接対峙する機会が少ないので，政策調整を（ある程度までは）スムーズに進められるという利点はあるだろう。しかし，これでは，意思決定者の交代や優先順位の変化によって，調整機能の発揮具合が左右されてしまう。実際，第2次大戦が激化するにつれて，FDRは，保全への政策的な優先順位を下げざるを得ず，それが一つの要因となって，NRPBは廃止されてしまった。

　他方で，保全省設置構想が頓挫する経緯が物語るのは，古くから存在する理念（＝保全）で古典的な課題（＝権限の統合）に対処することの難しさである。保全に関しては，内務省だけが自らを保全機関と考えているわけではな

い。森林局等も，同じように，自らを「保全」機関であると自負している。森林局等が，容易にその権限を他省庁（具体的には，内務省）へ譲渡しないのは当然である。

こうした困難ないしは限界に，「環境」という「後発の理念」を「制度化」することで立ち向かったのが，1970年前後の環境行政組織改革ではないだろうか。「環境」は「後発の理念」であるがゆえに，当該理念内部での諸価値の序列という問題からほぼ無縁でいられたようにみえる。実際，1970年代に入るまで，連邦政府内には，「環境」を冠する行政機関は一つも存在しなかった。そうした状況で制定されたのが，NEPA（国家環境政策法）である。これによって，「環境」が史上初めて国家政策の基本に据えられ，その理念を実現する方策の一つとして，CEQという政策調整機関が設置された。理念と組織の両方が法定されることで，バラバラな諸施策の調整に法的な根拠（継続性）と方向性が付与されたのである。そして，その上に，EPAの設置を通じての諸権限の統合や，EPAと他省庁との紛争をCEQへ付託する（referral）法的な仕組みが形作られていった（第1節）。

以上のような長期の制度発展の経緯に照らすならば，アメリカ環境行政組織の形成過程は，「「環境」という「後発の理念」の「新しさ」によって，社会的関心を引きつけ，政治家や旧来の保全関連省庁に（環境という新領域への）先乗りを競わせることを通じて，1930年代に遭遇した各種の困難を乗り越えた経験」として，ひとまずは解し得よう。このような理解は，本書（および前書（寺尾2012）が一貫して打ち出してきた，「後発の公共政策としての環境政策」の特徴と符合する。そして，こうした制度発展の経験は，単なる法制度の構造に関する情報とは異なるがゆえに，文化や政治体制等の違いを超えて，他国での「政策形成のための『参照枠組み』」（寺尾 2013, 27）となる見込みが高い。

ただし，筆者は，法制度の構造に関する知見には意味がない，といいたいのではない。むしろ，後発の理念の新しさだけでは，各種の困難を乗り越えられなかった可能性が高いと考えている。アメリカの経験からは，理念と構

造の両方が必要であることが示唆されよう。ここでは，その趣旨をパラフレーズして，次のように述べておきたい。「後発の理念」をいかにして「制度化」するかが，環境をめぐる権限の分散への組織的な対処のあり方を探るという課題を考える上で重要になる，と。これが本章の結論であり，筆者の主張である。なお，このような結論をおくのであれば，EPA の設置によって諸権限が統合された経緯を，「環境」という「後発の理念」の「制度化」という観点から明らかにしなければならないだろう。筆者にとっての今後の課題として，ここに銘記しておきたい。

〔注〕
(1) NRPB 等の機能を「保全」という観点から考察した既存研究は邦文では少なく，楠井（2005）が目につく程度である。
(2) 報告書のタイトルは，*A Report on National Planning and Public Works in Relation to Natural Resources and Including Land Use and Water Resources with Findings and Recommendations* である。
(3) 報告書のタイトルは，*Report of Rio Grande Board of Review* である。
(4) 通達は，*Budget Circular No. 338* である。
(5) このプレス・リリースのタイトルは，*White House Statement on the Creation of the National Resources Board, July 3, 1934* である。
(6) FDR が「新保全」なる概念を駆使していたという記録は見当たらないが，その趣旨を「国家資源」（National Resources）という文言で表そうとしていた可能性はある。この可能性について，FDR が1935年初頭に連邦議会で行ったスピーチにふれておきたい。この演説は，NRB によって準備された『土地利用・水資源に関する国家計画』を議会へ送付するに当ってなされたものである。スピーチの中で，FDR は，自然資源の誤用だけが関心事であるならば，土地・水絡みの問題を検討すればよい。しかし，誤っているのは，人間の働き方や暮らし方それ自体である。このことが，「国家資源」という用語を使う所以である，と述べた（Nixon 1972, 342）。その上で，FDR は，『土地利用・水資源に関する国家計画』とそれを準備した NRB の役割を紹介したのである（Nixon 1972, 342-343）。
(7) NRPB 等と連邦議会との関係について，Graham（1976, 57-58）は，長期的な計画策定を志向する NRPB と自らの任期の観点から物事を考えがちな連邦議会議員とでは，「ものの見方」が異なる点を指摘している。
(8) 環境政策の推進に冷淡であるばかりか，その「骨抜き化」に積極的に動いた

政権として知られるのが，1980年代のレーガン政権である。また，シャベコフ（1998, 91）によれば，それ以前に，20世紀中で最も杜撰な自然資源管理を行った政権と評されるのが，1920年代前半のハーディング政権であるという。なお，21世紀に入って，同様の反環境主義的政策を推進したのが2000年代のブッシュ政権である。ブッシュ政権は，反環境的な思想を共有する政治任用スタッフを次々と連邦省庁の中枢へ送り込むとともに，環境関連の多くの大統領令や施行規則等を書き換えることにより，アメリカ環境政策に多大な「負の影響」を及ぼした。ブッシュ政権の反環境政策については，及川（2012）で紹介した。

〔参考文献〕

＜日本語文献＞
及川敬貴 2003.『アメリカ環境政策の形成過程──大統領環境諮問委員会の機能──』北海道大学図書刊行会.
─── 2010.『生物多様性というロジック──環境法の静かな革命──』勁草書房.
─── 2012.「アメリカ環境法の動向──1990年代後半から2000年代を中心に──」新美育文・松村弓彦・大塚直編著『環境法大系』商事法務研究会 1039-1061.
─── 2013.「ニューディール環境行政組織改革前史──保全の複線化と省庁の対立──」寺尾忠能編『環境政策の形成過程──「開発と環境」の視点から──』アジア経済研究所175-199.
大塚直 2010.『環境法』第3版 有斐閣.
寺尾忠能 2013.「『開発と環境』の視点による環境政策形成過程の比較研究に向けて」同編『環境政策の形成過程──「開発と環境」の視点から──』アジア経済研究所 3-29.
交告尚史 2012.「生物多様性管理関連法の課題と展望」新美育文・松村弓彦・大塚直編著『環境法大系』商事法務研究会 671-695.
楠井敏朗 2005.『アメリカ資本主義とニューディール』日本経済評論社.
フィリップ・シャベコフ 1998. 斎藤馨児・清水恵訳『環境主義──未来の暮らしのプログラム──』どうぶつ社 （Shabecoff, Philip. A *Fierce Green Fire: The American Environmental Movement.* New York: Hill and Wang, 1993）
船津鶴代 2013「2000年代タイの産業公害と環境行政──ラヨーン県マータープット公害訴訟の分析──」寺尾忠能編『環境政策の形成過程──「開発と環境」の視点から──』アジア経済研究所 63-98.

<英語文献>

Gates, Paul Wallace, ed. 1979. *History of Public Land Law Development.* Reprint of the 1968 ed. New York: Arno Press.

Graham, Otis L. 1976. *Toward a Planned Society: From Roosevelt to Nixon.* Oxford: Oxford University Press.

Kraft, Michael E. 2011. *Environmental Policy and Politics (Fifth Edition)*, New York: Longman.

Liroff, Richard A. 1976. A *National Policy for the Environment: N.E.P.A. and Its Aftermath*, Bloomington: Indiana University Press.

Lowitt, Richard. 1993. *The New Deal and the West*, Oklahoma City: Oklahoma University Press.

Maass, Arthur. 1951. *Muddy Waters: The Army Engineers and Nation's Rivers,* Cambridge: Harvard Univ. Press.

Maher, Neil M. *Nature's New Deal: The Civilian Conservation Corps and the Roots of the American Environmental Movement*, Oxford: Oxford University Press, 2008.

Merriam, Charles E. 1944. "The National Resources Planning Board: A Chapter in American Planning Experience," *American Political Science Review*, 38(6) Dec.: 1076-1077.

Nixon, Edgar Burkhardt, ed. 1972. *Franklin D. Roosevelt & Conservation 1911-1945: Vol. 1: 1911-1937*. New York: Arno Press. (なお，本書は，http://www.nps.gov/history/history/online_books/cany/fdr/index.htm に全文が掲載されている（2014年9月7日最終アクセス））

Owen, Anna Lou Riesch. 1983. *Conservation under F.D.R,* New York: Preger.

Phillips, Sarah T. 2007. *This Land, This Nation: Conservation, Rural America, and the New Deal*, Cambridge: Cambridge University Press.

Reagan, Patrick D. 1999. *Designing a New America: The Origins of New Deal Planning, 1890-1943*. Amherst: University of Massachusetts Press.

Rothman, Hal K. 1989. " 'A Regular Ding-Dong Fight' : Agency Culture and Evolution in the NPS-USFS Dispute, 1916-1937," *Western Historical Quarterly*, 20(2) May: 141-161.

Sutter, Paul S. 2001. "Terra Incognita: The Neglected History of Interwar Environmental Thoughts and Politics," *Reviews in American History*, 29(2) June: 289-297.

Swain, Donald C. 1963. *Federal Conservation Policy, 1921-1933*. Berkeley: University of California Press.

Tang. Ching-Ping, and Shui-Yan Tang. 2006. "Democratizaiton and Capacity Building for Environmental Governance: Managing Land Subsidence in Taiwan," *Environment and Planning A*, 38(6): 1131-1147.

索　引

〈人名〉

アンズオン国王　105
イッキーズ，ハロルド（Ickes, Harold）　199, 200, 202-207, 209-214
呉基福　143, 145, 146
蔣經國　136, 137, 144, 147, 150
孫運璿　137, 144, 150
ツィママン，フリードリヒ（Zimmermann, Friedrich）　155, 158, 159, 161, 164, 181
テプファー，クラウス（Töpfer, Klaus）　155, 162-164, 166, 167, 174, 175, 179-181
ノロドム国王　99, 105
フンセン（首相）　101, 109, 111, 112, 113, 217
ラフォンテーヌ，オスカー（Lafontaine, Oskar）　163
ラムスドルフ，オットー・グラフ（Lambsdorff, Otto Graf）　155, 158-164, 166, 174
ルーズベルト，フランクリン・D．（Roosevelt, Franklin D.: FDR）　34, 189, 193, 197, 198, 200-214, 216
ルーズベルト，セオドア（Roosevelt, Theodore: TDR）　195

〈略称〉

ADB（アジア開発銀行）　105
APELL（「地域レベルの緊急事故に対する意識と準備」に係る計画，1988年，中国）　51, 52
BMU（連邦環境省，ドイツ）　33, 34, 154, 155, 160, 162, 164-167, 170, 174-181, 183
CDU（キリスト教民主同盟，ドイツ）　157, 163, 175, 177
CEQ（環境諮問委員会，アメリカ）　17, 18, 39, 191-193, 212, 215
CSU（キリスト教社会同盟，ドイツ）　157, 158, 164, 177
DSD（Duales System Deutschland，ドイツ）　157, 177
EPA（環境保護庁，アメリカ）　17, 191-193, 215, 216
EPR（拡大生産者責任）　34, 153, 154, 160, 162, 164, 178
FAO（国連食糧農業機関）　105
FDP（自由民主党，ドイツ）　157, 158, 161, 162, 164, 177
NPB（国家計画評議会，アメリカ）　199, 200, 205
NRB（国家資源評議会，アメリカ）　200-207, 216
NRC（国家資源委員会，アメリカ）　201-208
NRPB（国家資源計画評議会，アメリカ）　193, 194, 198, 199, 201-209, 212-214, 216
OWFMC（利水・治水政策委員会事務局，タイ）　80, 81
SARS（重症急性呼吸器症候群）　31, 52-55, 58, 59
SCRF（復興戦略委員会，タイ）　78-80, 82, 87, 88
SCWRM（水資源管理戦略委員会，タイ）　78-81, 83, 85, 87-92
SPD（社会民主党，ドイツ）　163
UBA（連邦環境庁，ドイツ）　165, 167, 175
UNEP（国連環境計画）　51, 52, 181
WHO（世界保健機関）　126, 129

〈事項〉

【あ行】

アムール川　45, 47
引責辞任　30, 43, 44, 47, 53, 55, 57
インラック政権（タイ）　66, 67, 75-79, 87, 88, 91, 93-95
エネルギー　4-6, 28, 172, 182
応急預案／応急計画（中国）　30, 31, 47,

50, 51, 53-55, 58-60

【か行】

開発許可制限措置　49
開発主義　24, 27, 39
開発政策　6, 7, 10, 11, 13, 18, 24, 25, 27, 32, 33, 65, 67, 100, 123, 146-148
　　経済──　29, 136, 150
化学品環境風険防控（環境リスク防止管理）『十二五』規劃（2013年，中国）　49
革新主義　195
拡大生産者責任　⇒　EPRを見よ
囲い込み　67, 100-102
灌漑局（タイ　農業協同組合省）　66, 69-71, 73-75, 77, 79, 81, 84-86, 89, 91, 92, 95
環境アセスメント　191, 194, 212
環境安全大検査（2005年，中国）　48, 50
環境安全リスク　30, 31, 36, 48, 50, 58
環境影響評価／環境アセスメント　19, 49, 57, 90, 91, 94, 191, 194, 212
環境影響評価法（1994年，台湾）　125
環境汚染事故　31, 43, 44, 49-52, 55-59
環境基本法（2002年，台湾）　125
環境災害　30, 44
環境諮問委員会（アメリカ）　⇒　CEQ
環境政策史　180
環境保護違法違紀行為処分暫行規定（2006年，中国）　56
環境保護庁（アメリカ）　⇒　EPA
環境保護部（中国）　49, 50, 56
監督検査活動　30, 49, 58
危機管理体制　50
吉林省　45, 46, 49, 57, 60
行政院衛生署（台湾）　124, 126, 131, 133, 143, 145
──環境保護局（台湾）　124, 127-129, 131, 133, 149
行政院環境保護署（台湾）　125, 127-129, 131, 133, 149
漁業資源　4, 32, 36, 99, 100, 103, 106, 112-115, 117

漁区オーナー／漁区所有者　109, 101, 104, 107, 108, 110-112, 114
漁区撤廃／漁区開放　32, 100, 109, 111, 114, 115, 116
漁区システム（カンボジア）　32, 99, 100, 103, 105-110, 113, 115
局支配　31, 36, 65-69, 74, 76, 79, 82, 84, 92-94
キリスト教社会同盟（ドイツ）　⇒　CSUを見よ
キリスト教民主同盟（ドイツ）　⇒　CDUを見よ
空気汚染防制法（1975年，台湾）　124, 135
グリューネ・プンクト（ドイツ）　169, 172, 182, 187, 188
経済部（台湾）　124, 126-131, 133, 137, 143-145, 196
──水資源統一規劃委員会（台湾）　124, 126, 130, 133, 137
経路依存性　10, 11, 24
権限の分散　8, 15, 35, 38, 189, 190, 194, 195, 197, 198, 209, 212, 213, 216
公害　i, iii, iv, 5, 9, 12, 13, 21, 26, 28, 29, 33, 38, 40, 67, 68, 95, 122, 124, 125, 129, 130, 134-136, 139-142, 144-146, 148-150
公衆衛生　7, 18, 25, 31, 53, 59, 124, 126, 128, 133, 143, 145, 149
洪水防止　69, 71, 75, 92, 93, 95
公聴会（容器包装令草案に関する，1990年，ドイツ）　154-155, 165-166, 174, 177-178
後発国　iii, iv, 3, 7, 9, 17, 20, 24, 27, 29, 30, 36, 37, 122, 135, 148
後発性　iv, 3, 4, 7-12, 14, 15, 17, 18, 22, 23, 27, 29, 30, 35, 36, 38, 100, 122, 194
後発の公共政策　7, 9, 11, 15, 17, 24, 30, 37, 69, 121, 155, 178, 179, 215
後発の理念　35, 194, 215, 216
公民訴訟（台湾）　125, 131
国民党政権（台湾）　123, 138, 147
国務院環境保護委員会（中国）　52

黒龍江省　45-47, 60
国連環境計画　⇒　UNEP
国家環境保護総局（中国）　30, 43, 44, 46-49, 52-54, 56, 57, 60, 61
国家計画評議会（アメリカ）　⇒　NPB
国家資源委員会（アメリカ）　⇒　NRC
国家資源計画評議会（アメリカ）　⇒　NRPB
国家資源評議会（アメリカ）　⇒　NRB
国家突発公共事件総体応急預案（2006年, 中国）　50, 53, 54, 60
国家予算　106, 111
コミュニティー漁業　103, 113, 114

【さ行】

サーマル・リサイクル　167, 168, 172, 177, 182
災害　5, 6, 22-25, 28, 30, 36, 44, 50, 58, 59, 61, 65, 66, 75, 77, 94, 121
　環境——　30, 44
事件・事故（事故・事件）　20, 22-26, 129, 135, 136
資源アクセス　32, 37, 67, 102, 109, 115, 116
資源調査会（日本）　5, 6
資源論　4-6, 38, 39
事故・事件　⇒　事件・事故を見よ
執行（政策, 計画, 法の）　8, 11, 14, 15, 24, 33, 36, 50, 57, 65, 83-85, 87, 93-95, 127, 130, 134, 142-144, 146, 148, 197, 211
失敗（の）モデル　31, 58
社会運動（団体）　21-23, 29, 124, 129, 139, 146, 148, 150
社会民主党（ドイツ）　⇒　SPDを見よ
重化学工業化　32, 136, 137, 146, 147
重症急性呼吸器症候群　⇒　SARSを見よ
十大建設（台湾）　136, 137, 147, 150
自由民主党（ドイツ）　⇒　FDPを見よ
松花江汚染事故（2005年, 中国）　30, 31, 44, 45, 47, 48, 53-59, 61
水質二法（1958年, 日本）　19, 25, 26, 39, 135, 144-146, 148, 150
水質保全政策　19, 36, 39, 121-123, 126-129, 131, 132, 135, 148, 149
政策調整　34, 84, 189, 191-193, 195, 202, 206, 209, 212, 214, 215
政策統合　4, 16-18, 37, 39, 66, 82, 85, 165, 178, 179
政治的自由（化）　29, 33, 37, 123-125, 137-139, 146-148, 150
制度化　18, 20-22, 24, 25, 31, 36, 37, 49, 51, 53-55, 57-59, 106, 194, 215, 216
世界保健機関　⇒　WHO
責任追及　31, 57-59
選挙　23, 32, 33, 75, 112, 114, 115, 138, 139, 142, 143, 145-147, 162, 163
総合調整　4, 37, 39, 117
総量規制　131, 132
組織改革　34, 35, 65, 78, 79, 82, 94, 189, 191, 193, 194, 214, 215

【た行】

大洪水（タイ2011年）　31, 65-67, 69, 74, 75, 77-82, 84, 85, 87, 93-95
台湾省政府　126-131, 133, 134, 143, 149
沱江　55, 56
短期治水計画（タイ）　31, 79, 81-84, 87, 93, 94
「地域レベルの緊急事故に対する意識と準備」に係る計画（1988年, 中国）　⇒　APELL
地方政府　21, 23, 47, 49, 57, 124, 128, 131, 133, 138, 143, 149, 199
チャオプラヤー川　65, 66, 71, 76, 81, 85, 86, 88
中国石油吉林石化公司（中国）　45
長期治水総合計画（タイ）　31, 67, 81, 82, 87-95
テイラー放牧法（1934年, アメリカ）　209, 211
デポジット　156, 158, 160, 162, 165-167, 169, 173, 180-181
デュアル・システム（ドイツ）　156-

　　　　　157, 160-162, 164, 166-168, 171,
　　　　　174, 178
　　──構想　159-160
天然資源　101, 102, 111, 115, 116, 137
ドイツ統一　163, 176
突発公共衛生事件応急条例（2003年，中
　　　　　国）　53
突発事件応対法（2007年，中国）　51,
　　　　　53, 55
トンレサップ湖　32, 99-101, 103-108,
　　　　　110-116

【な行】

日本の（公害）経験　6, 12, 13, 19, 25, 38
ニューディール（アメリカ）　34, 189,
　　　　　193, 195, 197, 198, 204, 208, 209,
　　　　　212, 214

【は行】

バーデン・ヴュルテンベルク州（におけ
　　　　　る容器包装廃棄物政策，ドイツ）
　　　　　175-178
バイエルン州（における容器包装廃棄物
　　　　　政策，ドイツ）　158, 164, 169, 177
廃棄物法（1986年，ドイツ）　158, 160,
　　　　　165, 175
廃棄物ビジネス　162
排水（排出）基準（1987年設定・全国一
　　　　　律，台湾）　127, 129
ハルビン市　46, 51, 54
バンコク　65, 66, 70, 71, 73, 75-77, 82-
　　　　　85, 91, 92, 95
販売包装　156, 165, 167, 172, 180, 182
氾濫　65, 66, 104, 105
復興戦略委員会（タイ）　⇒　SCRF
仏領インドシナ　105, 106
ブラウンロー委員会（アメリカ）　211
フランス　27, 99, 105, 106, 153, 165, 166,
　　　　　169, 173
フレーミング　21, 22, 24, 28, 37-39
保全　34-37, 100, 101, 103, 113, 114, 137,
　　　　　189, 190, 193-198, 203, 205-216

保全省（アメリカ）　35, 189, 193, 194,
　　　　　209-214
本州製紙江戸川工場事件（1958年，日
　　　　　本）　iii, 25, 39, 40, 135

【ま行】

マテリアル・リサイクル　34, 167, 168,
　　　　　172, 174, 177-179, 182
水汚染防治法（1974年制定，台湾）　32,
　　　　　122, 123, 126-137, 142-146, 148,
　　　　　149
水汚染防治法（2008年改正，中国）　49,
　　　　　54
水資源　31, 35, 36, 65-73, 74, 75, 77-80,
　　　　　82, 85, 87, 92-94, 121, 122, 124,
　　　　　126, 128, 132, 133, 137, 143, 145,
　　　　　147, 149, 150, 201-204, 206, 207,
　　　　　211, 216
水資源管理戦略委員会　⇒　SCWRM
水資源局（タイ　天然資源環境省）　66,
　　　　　69, 71-75, 77, 80, 81, 84, 88, 89, 92,
　　　　　93, 95
緑の党（ドイツ）　154, 163
水俣病　iii, 26, 57, 145, 146
民営化（廃棄物処理における）　160-165,
　　　　　178
民主化　32, 33, 37, 103, 112, 115, 124, 125,
　　　　　138, 146, 148, 150
メコン委員会　105
メディア　23, 25, 32, 46, 47, 54, 59, 76,
　　　　　139
問責制（中国）　31, 36, 45, 55, 57-59

【や行】

野外レクリエーション　195, 202, 207,
　　　　　209, 214
容器包装令（1991年，ドイツ）　153-154,
　　　　　156, 161, 165, 174-175, 177-180

【ら行】

利水・治水政策委員会事務局（タイ）

⇒ OWFMC
リサイクル率　156, 180
リターナブル率　156, 158, 169-170, 174, 177-179, 181
立法委員（台湾）　123, 138-143, 145, 147, 149, 150
立法院（台湾）　130, 138, 139, 142-144, 147, 148, 150
領域化　102, 103, 105, 107, 108
　脱——　108, 110
緑色牡蠣事件（1986年，台湾）　36, 129, 133, 135, 149
連邦環境省（ドイツ）　⇒ BMU
連邦環境庁（ドイツ）　⇒ UBA

複製許可およびPDF版の提供について

　点訳データ，音読データ，拡大写本データなど，視覚障害者のための利用に限り，非営利目的を条件として，本書の内容を複製することを認めます。出版企画編集課転載許可担当に書面でお申し込みください。

〒261-8545　千葉県千葉市美浜区若葉3丁目2番2
　　　日本貿易振興機構　アジア経済研究所
　　　研究支援部出版企画編集課　転載許可担当宛
　　　http://www.ide.go.jp/Japanese/Publish/reproduction.html

　また，視覚障害，肢体不自由などを理由として必要とされる方に，本書のPDFファイルを提供します。下記のPDF版申込書（コピー不可）を切りとり，必要事項を記入したうえ，出版企画編集課　販売担当宛ご郵送ください。折り返しPDFファイルを電子メールに添付してお送りします。

　ご連絡頂いた個人情報は，アジア経済研究所出版企画編集課（個人情報保護管理者－出版企画編集課長 043-299-9534）が厳重に管理し，本用途以外には使用いたしません。また，ご本人の承諾なく第三者に開示することはありません。

　　　　　　　　　　　　アジア経済研究所研究支援部 出版企画編集課長

PDF版の提供を申し込みます。他の用途には利用しません。

寺尾忠能編『「後発性」のポリティクス――資源・環境政策の形成過程――』研究双書 No.614　2015年

住所 〒

氏名：　　　　　　　　　　年齢：

職業：

電話番号：

電子メールアドレス：

寺尾　忠能（アジア経済研究所新領域研究センター）
大塚　健司（アジア経済研究所新領域研究センター）
船津　鶴代（アジア経済研究所新領域研究センター）
佐藤　仁　（東京大学東洋文化研究所）
喜多川　進（山梨大学生命環境学部）
及川　敬貴（横浜国立大学大学院環境情報研究院）

―執筆順―

「後発性」のポリティクス
――資源・環境政策の形成過程――　　研究双書No.614

2015年2月12日発行　　　定価［本体2700円＋税］

編　者　　寺尾忠能

発行所　　アジア経済研究所
　　　　　独立行政法人日本貿易振興機構
　　　　　〒261-8545　千葉県千葉市美浜区若葉3丁目2番2
　　　　　研究支援部　　電話　043-299-9735
　　　　　　　　　　　　FAX　043-299-9736
　　　　　　　　　　　　E-mail syuppan@ide.go.jp
　　　　　　　　　　　　http://www.ide.go.jp
印刷所　　日本ハイコム株式会社

Ⓒ独立行政法人日本貿易振興機構アジア経済研究所　2015
落丁・乱丁本はお取り替えいたします　　無断転載を禁ず
ISBN　978-4-258-04614-0

「研究双書」シリーズ

(表示価格は本体価格です)

No.	タイトル	概要
613	**国際リユースと発展途上国** 越境する中古品取引 小島道一編　　2014年　286p.　3,600円	中古家電・中古自動車・中古農機・古着などさまざまな中古品が先進国から途上国に輸入され再使用されている。そのフローや担い手,規制のあり方などを検討する。
612	**「ポスト新自由主義期」ラテンアメリカにおける政治参加** 上谷直克編　　2014年　258p.　3,200円	本書は,「ポスト新自由主義期」と呼ばれる現在のラテンアメリカ諸国に焦点を合わせ,そこでの「政治参加」の意義,役割,実態や理由を経験的・実証的に論究する試みである。
611	**東アジアにおける移民労働者の法制度** 送出国と受入国の共通基盤の構築に向けて 山田美和編　　2014年　288p.　3,600円	東アジアがASEANを中心に自由貿易協定で繋がる現在,労働力の需要と供給における相互依存が高まっている。東アジア各国の移民労働者に関する法制度・政策を分析し,経済統合における労働市場のあり方を問う。
610	**途上国からみた「貿易と環境」** 新しいシステム構築への模索 箭内彰子・道田悦代編　　2014年　324p.　4,200円	国際的な環境政策における途上国の重要性が増している。貿易を通じた途上国への環境影響とその視座を検討し,グローバル化のなか実効性のある貿易・環境政策を探る。
609	**国際産業連関分析論** 理論と応用 玉村千治・桑森啓編　　2014年　251p.　3,100円	国際産業連関分析に特化した体系的研究書。アジア国際産業連関表を例に,国際産業連関表の理論的基礎や作成の歴史,作成方法,主要な分析方法を解説するとともに,さまざまな実証分析を行い,その応用可能性を探る。
608	**和解過程下の国家と政治** アフリカ・中東の事例から 佐藤章編　　2014年　290p.　3,700円	紛争勃発後の国々では和解の名のもとにいかなる動態的な政治が展開されているのか。そしてその動態が国家のあり方にどのように作用するのか。綿密な事例研究を通して紛争研究の新たな視座を探究する。
607	**高度経済成長下のベトナム農業・農村の発展** 坂田正三編　　2013年　236p.　2,900円	高度経済成長期を迎え,ベトナムの農村も急速に変容しつつある。しかしそれは工業化にともなう農村経済の衰退という単純な図式ではない。ベトナム農業・農村経済の構造的変化を明らかにする。
606	**ミャンマーとベトナムの移行戦略と経済政策** 久保公二編　　2014年　177p.　2,200円	1980年代末,同時期に経済改革・開放を始めたミャンマーとベトナム。両国の経済発展経路を大きく分けることになった移行戦略を金融,輸入代替・輸出志向工業,農業を例に比較・考察する。
605	**環境政策の形成過程** 「開発と環境」の視点から 寺尾忠能編　　2013年　204p.　2,500円	環境政策は,発展段階が異なる諸地域で,既存の経済開発政策の制約の下,いかにして形成されていったのか。中国,タイ,台湾,ドイツ,アメリカの事例を取り上げ考察する。
604	**南アフリカの経済社会変容** 牧野久美子・佐藤千鶴子編　　2013年　323p.　4,100円	アパルトヘイト体制の終焉から20年近くを経て,南アフリカはどう変わったのか。アフリカ民族会議(ANC)政権の政策と国際関係に着目し,経済や社会の現状を読み解く。
603	**グローバル金融危機と途上国経済の政策対応** 国宗浩三編　　2013年　303p.　3,700円	激動する国際情勢の中で,開発途上国が抱えるミクロ・マクロの金融問題に焦点を当て,グローバル金融危機への政策対応のあり方を探る。
602	**中国太湖流域の水環境ガバナンス** 対話と協働による再生に向けて 大塚健司編　　2012年　272p.　3,400円	水環境政策が急展開する中国太湖流域。ローカルレベルでの政策実施状況を検証し,コミュニティ円卓会議の社会実験をふまえ対話と協働による環境再生の可能性と課題を探る。
601	**タイの立法過程** 国民の政治参加への模索 今泉慎也編　　2012年　234p.　2,900円	アジアにおいて法律はどのようにして生まれているのだろうか? 政治対立で揺れ動くタイを事例に,国民の政治参加拡大のため模索されてきた立法制度改革とその実態を俯瞰する。